普通高等教育"十二五"规划教材

高等院校大学物理实验立体化教材

大学物理实验

（提高部分）

（第二版）

主　编　朱基珍

副主编　黄　刚　黄榜彪

参　编　禤汉元　周　江　莫济成　肖荣军
　　　　张秀彦　刘青正　古家虹

U0333883

华中科技大学出版社

中国·武汉

内 容 提 要

　　《大学物理实验》分"基础部分"和"提高部分"两册,配合使用,实现物理实验的分层教学。本册为提高部分,适合高等院校非物理类专业的本科学生使用,也可作为实验技术人员和有关教师的参考用书。在内容编排上主要体现教学内容、方法的层次化,本书分为5章。第1章对物理实验与计算机的应用作介绍;第2章介绍定性与半定量实验;第3章为综合性实验;第4章为设计性实验;第5章为研究性实验。对于设计性和研究性实验,书中只给定了其实验任务、实验要求、实验条件和参考资料,具体的实验设计和实验研究由学生探索完成,并可从课程网络教学资源中获得设计引导和研究引导。

　　全书通过穿插"拓展阅读"内容,使读者对现代测量技术有概要性的了解。

图书在版编目(CIP)数据

　　大学物理实验(提高部分)/朱基珍主编. —2版. —武汉:华中科技大学出版社,2013.8
　　ISBN 978-7-5609-9049-1

　　Ⅰ.①大… Ⅱ.①朱… Ⅲ.①物理学-实验-高等学校-教材 Ⅳ.①O4-33

中国版本图书馆 CIP 数据核字(2013)第 114068 号

大学物理实验(提高部分)(第二版) 朱基珍　主编

策划编辑:王汉江　周芬娜
责任编辑:王汉江
封面设计:刘　卉
责任校对:何　欢
责任监印:朱　玢
出版发行:华中科技大学出版社(中国·武汉)　　电话:(027)81321913
　　　　　武汉市东湖新技术开发区华工科技园　　邮编:430223
录　　排:华中科技大学惠友文印中心
印　　刷:武汉华工鑫宏印务有限公司
开　　本:787mm×1092mm　1/16
印　　张:12
字　　数:312千字
版　　次:2010年10月第1版　2017年7月第2版第6次印刷
定　　价:26.00元

第二版前言

《大学物理实验》分基础部分和提高部分两册,配合使用,实现物理实验的分层教学。本册为提高部分,用于分层教学的提高教学,适合高等院校非物理类专业的本科学生使用,也可作为实验技术人员和相关教师的参考用书。《大学物理实验(提高部分)》第一版于 2010 年 10 月出版,迄今为止已多次重印。本书得到了广大读者的认可,在此我们向使用本书的读者表示衷心的谢意。

根据当前物理实验教学改革的需要,为了更适合读者的使用,我们对《大学物理实验(提高部分)》一书进行了修订。与第一版相比,第二版修订主要体现在以下几个方面:

一、删除了部分不实用的实验项目。

二、对部分实验的内容、思考题进行了改写或合理的调整、更新和补充,使内容更充实,更方便读者的使用。

三、对新增的设备,增加了相应的实验内容,使教材能及时反映仪器的更新。

四、进一步充实了与本书密切联系的大学物理实验课程网站的教学资源,使本教材读者的参考资料更为丰富。

全书由朱基珍负责修订工作,全体参编人员参加了修订。本书的修订工作得到了广西科技大学、华中科技大学出版社的关心和支持,还得到了使用本书的教师的大力支持,在此一并表示诚挚的感谢。

与第一版相比,第二版更能满足教学的实际需要,质量也有相应的提高,但由于我们的水平有限、实验条件不足,书中仍难免存在不足,真诚地希望广大读者批评指正。

编　者
2013 年 6 月

第一版前言

本套教材是根据教育部高等学校物理学与天文学教学指导委员会物理基础课程教学指导分委员会编制的《理工科类大学物理实验课程教学基本要求》的要求，借鉴国内外近年来物理实验教学内容和课程体系改革与研究成果，结合广西工学院多年来的教改成果、课程建设的实践经验编写而成的。本套教材体现分层教学、开放教学、研究性教学的实验教学新要求，为非物理类专业大学物理实验教材。全套共分为两册：《大学物理实验（基础部分）》，适用于基础实验教学；《大学物理实验（提高部分）》，适用于提高型、研究型实验教学。

全书通过穿插"拓展阅读"内容，把物理学的发展简史呈现出来，也反映物理实验在物理学发展中的作用，并对目前先进测量技术作了介绍。为方便教学，本套书提供配套的光盘。

教学中实际采用的教材包括三大部分，即纸质教材、网络教学资源及教学管理系统、光盘。三部分教材相辅相成，各有侧重，构成了立体教材，满足网络化、分层次、开放式的实验教学需要，并对实验教学实现自动化、网络化的管理。

纸质教材：包括基础部分和提高部分两册。在内容编排上主要体现教学方法的层次化，如分必做内容、选做内容，分常规性实验教学、设计性实验教学和研究型实验教学等。纸质教材中，对设计性实验和研究性实验，只给定了其实验任务、实验要求、实验条件和参考资料，具体的实验设计和实验研究由学生探索完成，可从网络教学资源中获得设计引导和研究引导。

光盘：内容包含教学大纲、实验课件、绪论课课件、实验教案、实验操作讲解视频短片（包括"等厚干涉及其应用"、"迈克耳逊干涉仪测激光波长"、"示波器的使用"、"分光计测三棱镜折射率"、"夫兰克-赫兹实验"、"直流电桥测电阻"、"霍尔效应"、"固体线热膨胀系数的测定"、"拉伸法测定金属丝杨氏弹性模量"、"用刚体转动惯量测量仪测刚体转动惯量"、"用落球法测定液体黏滞系数"、"长度测量和固体密度测定"、"光栅的衍射"、"电表的扩程、改装与校准"、"用感应法测螺线管磁场"等共计 15 个实验项目）。对设计性实验和研究性实验有相应的设计引导和研究引导；对《大学物理实验（基础部分）》的第 1 章、第 2 章，附有复习提要及习题的参考答案；对《大学物理实验（提高部分）》第 1 章例题中相应的最小二乘法处理实验数据附有程序；另外，还提供可用于网络化教学的物理实验练习题模块。具体使用方法请在打开相应光盘目录后查看该目录下的 readme.doc 文件。

网络教学资源及教学管理系统：对于物理实验课程，我们建设了教学和管理网站，并科学合理地组织了大量的教学资源，使之能在教学中发挥应有的作用。网站内容包括教学录像、课件、电子教材、仪器介绍、基础实验操作预习视频短片、近代物理板块等。

内容组织形式：① 按教学顺序组织教学资源，实现了网上预习、学习、复习，网上答疑，网上专题讨论等互动学习功能；② 按知识的模块化进行编排，如分为传感器、全息照相、光学综合实验、核磁共振及虚实结合等多个系列实验，以方便学生对各模块知识的查询；③ 按教学方法的层次化编排，以获得各类实验的教学指导。

管理功能：① 对实验教学状态实现实时监控，促进教学质量的提高；② 对人员、设备、教室实现自动化和网络化管理;③ 网上自动分组、网上考勤、网上成绩统计及成绩查询、网上实验预约、操作考试自动抽签系统等。

总之,通过对教学内容的合理组织,利用管理系统,能在网上完成实验分组、人员设备的教学管理、网上预习、学习与复习、网上实验预约、网上考勤、操作考试自动抽签、成绩录入和统计、师生网上互动、教师教学工作量自动统计等功能。大学物理实验教学课程网站在实验教学和管理中发挥着重要的作用。

朱基珍教授主持全书的编写、统稿和审定工作,黄榜彪教授级高级工程师负责全书审稿工作,禤汉元负责配套光盘的制作工作,所有主编、副主编及参编人员均参加了本教材的编写工作和核对工作。

本书在编写过程中得到了广西教育厅、广西工学院领导的大力支持及经费资助,在此表示感谢。

由于我们的水平和条件有限,书中难免存在着不完善和不妥之处,真诚地希望各位读者提出建议并指正。

编　者

2010 年 6 月

目　　录

第1章 物理实验与计算机应用

现代科学技术的发展,为改进普通物理实验教学创造了很好的条件。利用计算机对实验教学进行辅助,很大程度上改善了实验教学的效果,也为实验教学新模式的构建提供了最有力的支持。利用计算机,可以实现按教学需要实时监控教学质量,促进教学质量的提高。计算机模拟仿真实验、用微机控制实验过程或采集实验数据等计算机辅助系列,在物理实验中被广泛地运用,如"虚拟示波器"、"虚实结合综合光学实验"等。

1.1 计算机在物理实验数据处理中的应用

物理实验中的数据处理是实验的一个重要组成部分和关键环节。将计算机引入到实验数据处理中,不但可以提高处理效率,同时还能避免在处理过程中计算错误的发生,实现数据图表化、误差分析标准化。

1. 数学计算软件在物理实验中的应用

所谓"万物皆数",一切知识的根基都来自于数学。在科学研究和工程应用过程中,往往需要大量的数学计算,传统的纸笔已经不能从根本上满足海量计算的要求。当实验数据处理需要复杂计算,要求较高时,实验者往往要花费大量时间在数据处理过程上。而使用数学计算软件(如 Matlab、Mathematica 等)来对实验数据进行数值计算则可以有效地减轻计算工作量,提高工作效率。现代数学计算软件具有编程简单、易于学习、能快速进行复杂运算的特点,无论是在校学生,还是工程技术人员和科研人员,都可以快速学习 Matlab、Mathematica 等软件,并用它们来解决各种数值计算问题。

1) Matlab 简介

Matlab 软件的出现是和科学计算紧密联系在一起的。20 世纪 70 年代,Clever Moler 在线性代数课程教学中为了让学生能使用 Fortran 的 Linpack、Eispack 子程序库,又不至于在编程上花费太多时间,开发了 Matlab 软件。1984 年 MathWorks 公司成立,Matlab 正式向市场推出,同时开发者也继续进行着软件的研究和开发工作。到目前为止,已经发布了 Matlab 8.1 版本,MathWorks 公司又实现了一次技术层面上的飞跃。

Matlab 的特点在于强大的数值计算和可视化软件处理能力,它最初主要用于方便矩阵的存取,其基本元素是无须定义维数的矩阵。经过十几年的完善和扩充,Matlab 现在已发展成为线性代数课程的标准工具,也成为其他许多领域课程的使用工具。Matlab 不仅在数学方面,在物理、统计、工程、金融等方面都有强大的工具箱可以使用。

2) 数学计算软件 Matlab 的使用

由于篇幅所限,这里主要介绍 Matlab 在物理实验数据处理中可能会用到的一些基本命令,至于 Matlab 的高级命令和 Mathematica 的使用方法,请读者自行查阅相关书籍。

(1) Matlab 的界面。

Matlab 窗口顶部的标准菜单可以用于文件管理和文件调试等工作;右上方有一个下拉列

表框,它可以选择和设置当前工作路径;左下方是历史命令窗口;右下方是 Matlab 最重要的窗口——命令窗口。Matlab 的界面如图 1-0-1 所示。

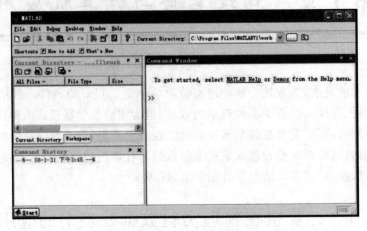

图 1-0-1　Matlab 界面图

　　命令在"≫"提示符后面输入。读者可以在这里尝试输入一些实际的基本命令。例如,我们想得到 433 乘以 15 的结果,就可以在提示符后面输入 433 * 15,然后按 Enter 键,即可得到如下结果:

　　　　≫433 * 15
　　　　ans=
　　　　　　6495

即 433 乘以 15 的结果为 6495。

　　(2) Matlab 中的变量定义。

　　与其他任何计算机语言一样,Matlab 也可以定义变量。如果想要使用自己定义的变量名,例如变量 x,假设要让它等于 5 乘以 6,则可以在命令窗口输入

　　　　≫x=5 * 6
　　　　x=
　　　　　　30

　　定义变量以后,就可以对它进行引用。假设我们还要计算 x 乘以 3.56 的结果,并把结果赋给 y,那么可以输入

　　　　≫y=x * 3.56　　　　　%将 $x * 3.56$ 的结果赋给 y
　　　　y=
　　　　　　106.8000

　　注意在刚才输入的内容中,"%将 $x * 3.56$ 的结果赋给 y"表示对输入内容的注释。Matlab 中的注释都是以符号%开始的。它的作用在于使得计算过程更容易让他人读懂,Matlab 在处理时会自动将注释部分忽略。

　　Matlab 为了方便使用者进行数学运算,附带了许多基本的或是常见的数学量和函数。例如,要使用圆周率时,只需输入 pi 即可。

　　　　≫r=2;　　　　　　　%定义半径等于 2
　　　　≫S=pi * r^2　　　　　%计算圆面积
　　　　S=

12.566

如果需要求平方根,则可以用 sqrt(　)函数。例如:

≫x＝sqrt(15)

x＝

3.8730

本书篇幅有限,所以不再在这里对 Matlab 中包含的其他函数进行介绍,感兴趣的读者请自行查看 Matlab 的帮助文档或相关手册对其内置函数作进一步的了解。

(3) 矩阵的创建。

在 Matlab 里的数据分析是按面向列矩阵进行的,不同的变量存储在各列中。通过这种存储方式,Matlab 很容易对数据集合进行统计分析。矩阵是二维数组,要在 Matlab 中创建矩阵,输入的行各元素之间用空格或逗号分隔,行末用分号进行标记。

考虑下面例子:　　　　　　　　　　$A = \begin{bmatrix} -1 & 6 \\ 7 & 11 \end{bmatrix}$

这个矩阵在 Matlab 中可以使用下面命令输入:

≫A＝[−1,6;7,11]

A＝

　　−1　6

　　　7　11

(4) 矩阵的基本操作。

Matlab 提供了完善的矩阵操作算符,基本上所有能想到的矩阵运算都可以在 Matlab 中得到实现。考虑矩阵

$$B = \begin{bmatrix} 2 & 0 & 1 \\ -1 & 7 & 4 \end{bmatrix}$$

在 Matlab 中输入

≫B＝[2,0,1;−1,7,4]

B＝

　　　2　0　1

　　−1　7　4

在需要对矩阵 B 进行数量相乘时可以通过引用矩阵名称进行计算,即

≫C＝2∗B

C＝

　　　4　0　2

　　−2　14　8

如果两个矩阵行数和列数都相等,那么可用"＋"、"−"运算符来对它们进行加减操作:

≫D＝[0,1,8;2,2,1];

≫B＋D

ans＝

　　2　1　9

　　1　9　5

≫C−D

ans＝

$$\begin{array}{rrr} 4 & -1 & -6 \\ -4 & 12 & 7 \end{array}$$

矩阵转置就是对矩阵的行和列进行交换,在 Matlab 中使用单引号'来进行转置操作,即

　　≫E＝B'

E＝

$$\begin{array}{rr} 2 & -1 \\ 0 & 7 \\ 1 & 4 \end{array}$$

(5) 矩阵乘法。

在数学中我们知道,两个矩阵 **A** 和 **B**,如果 **A** 是一个 $m \times p$ 矩阵,而 **B** 是 $p \times n$ 矩阵,那么将它们相乘可以得到一个 $m \times n$ 矩阵。在 Matlab 中如果要进行矩阵乘法运算,可以采用运算符"＊"来表示矩阵相乘。请注意,进行矩阵乘法运算时,需要保证矩阵维数的正确性,否则 Matlab 会提示错误。

矩阵乘法计算规则为

$$
A * B = \begin{bmatrix} a_{11} & a_{12} \\ a_{21} & a_{22} \end{bmatrix} * \begin{bmatrix} b_{11} & b_{12} \\ b_{21} & b_{22} \end{bmatrix}
$$

$$
= \begin{bmatrix} a_{11} \times b_{11} + a_{12} \times b_{21} & a_{11} \times b_{12} + a_{12} \times b_{22} \\ a_{21} \times b_{11} + a_{22} \times b_{21} & a_{21} \times b_{12} + a_{22} \times b_{22} \end{bmatrix}
$$

如考虑下面两个矩阵

$$
\boldsymbol{A} = \begin{bmatrix} 1 & 1 \\ 2 & 5 \end{bmatrix}, \quad \boldsymbol{B} = \begin{bmatrix} 4 & 1 \\ 3 & 1 \end{bmatrix}
$$

要让矩阵 **A** 和矩阵 **B** 相乘,在 Matlab 中可以输入

　　≫A＝[1,1;2,5];

　　≫B＝[4,1;3,1];

　　≫A＊B

ans＝

$$\begin{array}{rr} 7 & 2 \\ 23 & 7 \end{array}$$

在 Matlab 中还可以对矩阵进行数组乘法操作。数组乘法运算符为".＊"。注意数组乘法运算符和矩阵乘法运算符的区别。数组乘法实际上是把两矩阵的元素与元素相乘。例如

$$
A .* B = \begin{bmatrix} a_{11} & a_{12} \\ a_{21} & a_{22} \end{bmatrix} .* \begin{bmatrix} b_{11} & b_{12} \\ b_{21} & b_{22} \end{bmatrix} = \begin{bmatrix} a_{11} \times b_{11} & a_{12} \times b_{12} \\ a_{21} \times b_{21} & a_{22} \times b_{22} \end{bmatrix}
$$

设有两个数组

$$
A = \begin{bmatrix} 1 & 1 \\ 2 & 5 \end{bmatrix}, B = \begin{bmatrix} 4 & 1 \\ 3 & 1 \end{bmatrix}
$$

要让数组 A 和数组 B 相乘,在 Matlab 中可以输入

　　≫A.＊B

ans＝

$$\begin{array}{rr} 4 & 1 \\ 6 & 5 \end{array}$$

（6）使用 Matlab 进行线性函数拟合。

当实验所测量到的数据满足类似于 $y=ax+b$ 的线性相关关系时，可以使用 Matlab 的 polyfit(x,y,n) 函数来求得 a 和 b 的值。polyfit(x,y,n) 函数中的 n 表示需要 Matlab 求出的多项式的次数，对于 $y=ax+b$ 形式的方程，$n=1$。polyfit(x,y,n) 函数使用最小二乘法来对数据进行计算拟合。可以通过下面简单的例子来学习使用该函数。

例 1　假设已知某导体电阻随温度变化而变化的数据如表 1-0-1 所示，这里假设温度 t 的误差很小，可以忽略，数据点的分散主要是由电阻 R 的误差引起的（此处所用数据与《大学物理实验（基础部分）》（第二版）第 2 章例 2-8 相同）。

表 1-0-1　电阻随温度变化实验数据

$t/℃$	17.8	26.9	37.7	48.2	58.3
R/Ω	3.554	3.687	3.827	3.969	4.105

设导体电阻和温度的关系式为 $R_t=R_0+R_0\alpha t$。

将上式与 $y=ax+b$ 比较，可得到 $y=R_t,a=R_0\alpha,x=t,b=R_0$。

接下来根据已有数据用 Matlab 来计算出 $a=R_0\alpha$ 和 $b=R_0$ 的数值。首先，在命令窗口把实验数据输入，即

```
>>x=[17.8,26.9,37.7,48.2,58.3]        %输入温度 t
x=
    17.8000  26.9000  37.7000  48.2000  58.3000
>>y=[3.554,3.687,3.827,3.969,4.105]   %输入电阻 Rt
y=
    3.5540  3.6870  3.8270  3.9690  4.1050
```

然后调用 polyfit(x,y,n) 函数让 Matlab 计算拟合数据的多项式的系数。由于现在希望产生的是一个一次多项式，所以可以用下面形式调用 polyfit( ) 函数。

```
>>m=polyfit(x,y,1)        %对实验数据进行一阶多项式最小二乘拟合
m=
    0.0135  3.3175
```

即根据数据拟合得到的 $a=R_0\alpha=0.0135$ 和 $b=R_0=3.3175$，导体电阻和温度关系为 $R_t=0.0135t+3.3175$。

（7）绘制函数图形。

在例 1 中，假设在得到导体电阻与温度的关系式后，想要把对应的图形在坐标系中绘制出来，那么利用 Matlab 的 plot( ) 函数。依次输入命令

```
>>t=[17:0.1:59];          %建立水平坐标轴
>>R=m(1)*t+m(2);          %产生 Rt=0.0135t+3.3175 函数
>>plot(x,y,'o',t,R),xlabel('温度(℃)'),ylabel('电阻(Ω)'),…,grid on
    axis([17  59  3.5  4.2])       %绘制图形
```

得到的图形如图 1-0-2 所示。图中的。表示对应的原始数据点位置，直线表示用 polyfit( ) 函数拟合得到的结果，可以看到原始数据与拟合直线结果还是相当接近的。

（8）在 Matlab 中计算相关系数 γ。

在得到系数 a 和 b 后，通常用相关系数 γ 来检验结果是否合理。对于一阶多项式最小二

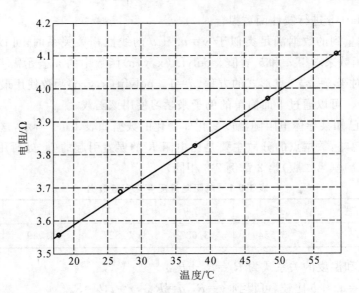

图 1-0-2　例 1 中通过数值拟合得到的直线图

乘拟合,相关系数 γ 定义为

$$\gamma = \frac{\sum_{i=1}^{n}(x_i - \overline{x})(y_i - \overline{y})}{\sqrt{\sum_{i=1}^{n}(x_i - \overline{x})^2 \sum_{i=1}^{n}(y_i - \overline{y})^2}} = \frac{\overline{xy} - \overline{x} \cdot \overline{y}}{\sqrt{[(\overline{x})^2 - \overline{x^2}][(\overline{y})^2 - \overline{y^2}]}}$$

　　相关系数 γ 的值在 -1 到 $+1$ 之间,如果 $|\gamma|$ 接近 1,就说明实验数据点能聚集在一条直线附近,用一阶多项式做最小二乘拟合比较合理;反之,如果 $|\gamma|$ 接近 0 而远小于 1,那就说明实验数据点分布不能聚集在直线附近,不适合用一阶多项式做最小二乘拟合,应当用其他函数重新试探进行拟合。

　　例 1 中的相关系数在 Matlab 中可以用如下命令进行计算:

```
x=[17.8, 26.9, 37.7, 48.2, 58.3];        %输入温度为 x
y=[3.554, 3.687, 3.827, 3.969, 4.105];   %输入电阻为 y
xa=mean(x);                              %温度均值 x̄
ya=mean(y);                              %电阻均值 ȳ
deltax=x-xa;            %计算(xᵢ-x̄),i=1,…,5,并将结果存于数组 deltax 中
deltay=y-ya;            %计算(yᵢ-ȳ),i=1,…,5,并将结果存于数组 deltay 中
Lxx=deltax * deltax';   %计算 ∑(xᵢ-x̄)²
Lyy=deltay * deltay';   %计算 ∑(yᵢ-ȳ)²
Lxy=deltax * deltay';   %计算 ∑(xᵢ-x̄)(yᵢ-ȳ)
gama=Lxy/sqrt(Lxx * Lyy)  %计算相关系数 γ 并显示
```

　　按例 1 中原有数据最终计算得到的相关系数为 $\gamma = 0.9999$,说明得到的数据变化符合线性关系,采用一阶多项式做最小二乘拟合是合理的。

2. 最小二乘法处理实验数据示例

　　下面以固体线膨胀系数的测定和霍尔效应为例,介绍使用 Matlab 对其实验数据用最小二

乘法进行处理的方法和过程。

1) Matlab 对测定固体线膨胀系数实验数据的处理

（1）实验原理。

在一定温度范围内，原长为 l_0 的固体受热后伸长量 Δl 与其温度的增加量 Δt 近似成正比，与原长 l_0 也成正比。通常定义固体在温度每升高 1 ℃时，在某一方向上的长度增量 $\Delta l/\Delta t$ 与 0 ℃（由于温度变化不大时长度增量非常小，实验中取室温）时同方向上的长度 l_0 之比，叫做固体的线膨胀系数 α，即

$$\alpha = \frac{\Delta l}{l_0 \cdot \Delta t} \tag{1-0-1}$$

或

$$\Delta l = \alpha l_0 \Delta t \tag{1-0-2}$$

实验证明，不同材料的线膨胀系数是不同的。本实验要求对实验室配备的实验铁棒、铜棒、铝棒分别进行测量，并计算其线膨胀系数。

（2）在 Matlab 中用最小二乘法处理实验数据。

在一次实验中所测量到的铝棒实验数据如表 1-0-2 所示。这里假设温度 t 的误差很小可以忽略，数据点的分散主要是由固体伸长量 Δl 的误差引起的。本实验中所使用金属棒长度 $l_0 = 0.4$ m。

表 1-0-2　铝棒线膨胀系数测量数据表

温度/℃	21.3	40.0	50.0	60.0	70.0
千分表读表/mm	0.0000	0.1709	0.2625	0.3552	0.4481

对数据进行一阶多项式最小二乘拟合。先在 Matlab 中输入数据：

　≫deltal＝[0.0000,0.1709,0.2625,0.3552,0.4481];

　≫x＝[21.3,40.0,50.0,60.0,70.0];

　≫y＝deltal * 0.001;　　　　　　　　　　%将 deltal（Δl）单位换算成米（m）

　≫m＝polyfit(x,y,1)

　m＝

　　1.0e－003 *

　　0.0092　　　－0.1966

即拟合得到的直线斜率为　　　$a = l_0\alpha = 9.2 \times 10^{-6}$

接下来计算相关系数，可得到 $\gamma = 1.0000$（format long 环境下显示 γ 数值为 0.99999167814688）。γ 值的计算结果表示数据基本沿直线分布，之前求到的 $a = l_0\alpha = 9.2 \times 10^{-6}$ 值可用。

对应金属棒的线膨胀系数为

$$\alpha = \frac{a}{l_0} = 2.2997 \times 10^{-5}$$

接下来对测量结果进行不确定度评定。首先，计算测量值 Δl 的不确定度：

$$U_{\Delta l\,A} = \sqrt{\frac{\sum_{i=1}^{n}(y_i - ax_i - b)^2}{n-2}} = 8.1317 \times 10^{-7}$$

$$U_{\Delta l \, B} = \frac{\Delta_{\text{千分表}}}{3} = \frac{4 \times 10^{-6}}{3} = 1.3333 \times 10^{-6}$$

Δl 的总不确定度为 $\qquad U_{\Delta l} = \sqrt{U_{\Delta l \, A}^2 + U_{\Delta l \, B}^2} = 1.5617 \times 10^{-6}$

根据不确定度的传递关系,拟合直线的斜率 a 和截距 b 的不确定度分别为

$$U_a = U_{\Delta l} \sqrt{\frac{1}{\sum\limits_{i=1}^{n} (x_i - \overline{x})^2}} = \frac{U_{\Delta l}}{\sqrt{n \left[\overline{x^2} - (\overline{x})^2 \right]}} = 4.1612 \times 10^{-8}$$

$$U_b = U_{\Delta l} \sqrt{\frac{\sum\limits_{i=1}^{n} x_i^2}{n \sum\limits_{i=1}^{n} (x_i - \overline{x})^2}} = \sqrt{\overline{x^2}} \cdot U_a = 2.1262 \times 10^{-6}$$

Matlab 中输入下面命令后,得到 Δl-t 曲线如图 1-0-3 所示。

$\gg$t=[21:0.1:70];

$\gg$Dl=m(1)*t+m(2);

$\gg$plot(x,y,'o',t,Dl),xlabel('温度(℃)'),ylabel('伸长量(m)'),…grid on,axis

([21　70　0　0.45*0.001])

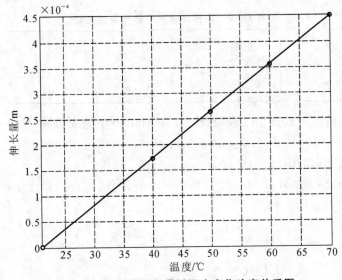

图 1-0-3　金属棒伸长量随温度变化改变关系图

由 $a = l_0 \alpha$ 可知,a 与待测量 α 的相对不确定度相等,即

$$\frac{U_\alpha}{\alpha} = \frac{U_a}{a} = \frac{4.1612 \times 10^{-8}}{9.2 \times 10^{-6}} = 0.45\%$$

$$U_\alpha = \frac{U_a}{a} \alpha = 1.0403 \times 10^{-7}$$

即测量结果可以表示为

$$\begin{cases} \alpha = \alpha \pm U_\alpha = (2.30 \pm 0.01) \times 10^{-5} \\ U_r = 0.45\% \end{cases} \qquad (P = 68.3\%)$$

(3) Matlab 处理程序。

%输入数据

x=[21.3　40.0　50.0　60.0　70.0];

```
deltal=[0,0.1709,0.2625,0.3552,0.4481];
%长度单位换算
y=deltal*0.001;
%进行拟合
m=polyfit(x,y,1)
%求拟合相关系数 γ
xa=mean(x);
ya=mean(y);
deltax=x-xa;
deltay=y-ya;
Lxx=deltax*deltax';
Lyy=deltay*deltay';
Lxy=deltax*deltay';
gama=Lxy/sqrt(Lxx*Lyy)
%输出求到的金属棒对应线膨胀系数 α
alpha=m(1)/0.4
%求伸长量 Δl 的总不确定度
yr=m(1)*x+m(2);
v=y-yr;
sigmav2=v*v';
n=5;
uya=sqrt(sigmav2/(n-2))
uyb=0.004e-3/3
uy=sqrt(uya^2+uyb^2)
%求斜率 a 和截距 b 的总不确定度
ua=uy*sqrt(1/(Lxx))
ub=uy*sqrt((x*x')/(n*Lxx))
%输出 Ur
ur=ua/m(1)
%求线膨胀系数 α 的不确定度
deltaalpha=alpha*ua/m(1)
%输出图形
t=[20:0.1:70];
Dl=m(1)*t+m(2);
plot(x,y,'o',t,Dl),xlabel('温度(℃)'),ylabel('伸长量(m)'),…
grid on,axis([20  70  0  0.45*0.001])
```

2) Matlab 用最小二乘法对霍尔效应实验数据的处理

(1) 实验原理。

将一块半导体或导体材料，沿 Z 方向加以磁场 $\boldsymbol{B}$，沿 X 方向通以工作电流 I_s，则在 Y 方向产生电动势 U_H，这种现象称为霍尔效应。U_H 称为霍尔电压。

　　实验表明,在磁场不太强时,霍尔电压 U_H 与电流 I_S 和磁感应强度 $\boldsymbol{B}$ 成正比,与板的厚度 d 成反比,即

$$U_H = R_H \frac{I_S B}{d} \tag{1-0-3}$$

或

$$U_H = K_H I_S B \tag{1-0-4}$$

　　该实验中利用式(1-0-4),实现了利用霍尔效应对磁场的测量。实验方法是在已知霍尔元件灵敏度 K_H 的前提下,将霍尔元件放置于待测磁场的相应位置,然后控制工作电流 I_S,记录产生的霍尔电压 U_H,然后再根据式(1-0-4)即可求出对应的磁感应强度 B。

　　(2) 在 Matlab 中用最小二乘法处理实验数据。

　　假设某台仪器所使用霍尔元件灵敏度 $K_H = 27.0 \text{ mV} \cdot \text{mA}^{-1} \cdot \text{T}^{-1}$,然后在一次实验中所测量到的实验数据如表 1-0-3 所示。这里假设工作电流 I_S 的误差很小可以忽略,数据点的分散主要是由霍尔电压 U_H 的误差引起的。

表 1-0-3　霍尔效应实验数据

次　　数	1	2	3	4	5	6	7	8
I_S/mA	1.00	2.00	3.00	4.00	5.00	6.00	7.00	8.00
U_H/mV	2.25	4.50	6.75	8.99	11.25	13.48	15.71	17.94

　　尝试对数据进行一阶多项式最小二乘法拟合。先在 Matlab 中输入数据:

```
≫x=[1.00,2.00,3.00,4.00,5.00,6.00,7.00,8.00];
≫y=[2.25,4.50,6.75,8.99,11.25,13.48,15.71,17.94];
≫m=polyfit(x,y,1)
m=
        2.2429        0.0146
```

即拟合得到的直线斜率　　　　　$a = K_H \cdot B = 2.2429$

　　然后计算相关系数。在 Matlab 的默认显示精度下得到相关系数 $\gamma = 1.0000$(如果之前有用 format long 命令提高显示精度,可看到实际数值为 0.99999714323644)。γ 值的计算结果表示数据基本沿直线分布,之前求到的 $a = K_H \cdot B = 2.2429$ 值可用。

　　由此可得磁感应强度　　　　　$B = \dfrac{a}{K_H} = 0.0831$

　　在 Matlab 中绘制出 U_H-I_S 关系,如图 1-0-4 所示。

　　接下来对测量结果进行不确定度评定。首先,计算测量值霍尔电压 U_H 的不确定度:

$$U_{HA} = \sqrt{\frac{\sum\limits_{i=1}^{n}(y_i - ax_i - b)^2}{n-2}} = 0.0142$$

$$U_{HB} = \frac{\Delta U_H}{3} = \frac{0.10}{3} = 0.0333$$

　　U_H 的总不确定度为　　　　　$U_H = \sqrt{U_{HA}^2 + U_{HB}^2} = 0.0362$

　　根据不确定度的传递关系,拟合直线的斜率 a 和截距 b 的不确定度分别为

$$U_a = U_H \sqrt{\frac{1}{\sum\limits_{i=1}^{n}(x_i - \bar{x})^2}} = \frac{U_H}{\sqrt{n[\overline{x^2} - (\bar{x})^2]}} = 0.0056$$

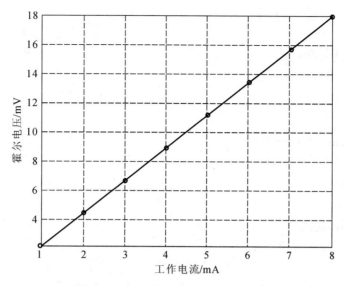

图 1-0-4　霍尔电压随工作电流变化关系图

$$U_b = U_{\mathrm{H}} \sqrt{\frac{\sum_{i=1}^{n} x_i^2}{n \sum_{i=1}^{n} (x_i - \overline{x})^2}} = \sqrt{\overline{x^2}} \cdot U_a = 0.0282$$

由 $a = K_{\mathrm{H}} \cdot B$ 知，a 与待测量 B 的相对不确定度相等，即

$$\frac{U_B}{B} = \frac{U_a}{a} = \frac{0.0056}{2.2429} = 0.25\%$$

$$U_B = \frac{U_a}{a} B = 2.0703 \times 10^{-4}$$

即测量结果可以表示为

$$\begin{cases} B = 0.0831 \pm 0.0002 \\ U_{\mathrm{r}} = 0.25\% \end{cases} \qquad (P = 68.3\%)$$

（3）Matlab 处理程序。

```
%输入数据
x＝[1.00,2.00,3.00,4.00,5.00,6.00,7.00,8.00];
y＝[2.25,4.50,6.75,8.99,11.25,13.48,15.71,17.94];
%拟合直线并显示斜率和截距
m＝polyfit(x,y,1)
%求相关系数γ
xa＝mean(x);
ya＝mean(y);
deltax＝x－xa;
deltay＝y－ya;
Lxx＝deltax * deltax';
Lyy＝deltay * deltay';
Lxy＝deltax * deltay';
```

```
gama＝Lxy/sqrt(Lxx＊Lyy)
%求 U_HA
yr＝m(1)＊x＋m(2);
v＝y－yr;
sigmav2＝v＊v′;
n＝8;
uya＝sqrt(sigmav2/(n－2))
%求 U_HB
deltaVh＝0.10;
uyb＝DeltaVh/3
%求 U_H 总不确定度
uy＝sqrt(uya^2＋uyb^2)
%求 U_a、U_b
ua＝uy＊sqrt(1/Lxx)
ub＝uy＊sqrt((x＊x′)/(n＊Lxx))
%求 U_r
ur＝ua/m(1)
%求磁感应强度 B
B＝m(1)/27.0
%求 U_B
Ub＝ur＊B
%绘制图形
i＝[1:0.1:8];
yn＝m(1)＊i＋m(2);
plot(x,y,′o′,i,yn),xlabel(′工作电流(mA)′),ylabel(′霍尔电压(mV)′),…grid on,axis
([1 8 2 1 8])
```

3. 大学物理实验课程网站

1) 广西科技大学大学物理实验教学中心网站简介

物理实验课程是培养学生科学实验能力和素养的重要实践性课程。从 2004 年开始,为了培养和提高学生的科学实验素质和创新能力,广西科技大学对面向全校的大学物理实验课程进行了改革和建设。物理实验教学的课程体系、教学方式、教学内容、实验方法和技术手段,以及教学管理等方面得到了系统的改革,面向全校各专业学生的物理实验教学发生了彻底的变化,形成了一定的特色。

网站内容:系统的教学资源(包括教学录像、课件、电子教材、仪器介绍、基础实验操作预习视频短片、近代物理板块等)上网。

内容组织形式:① 按教学顺序组织教学资源,实现了网上预习、学习、复习,网上答疑、网上专题讨论等互动学习功能;② 按知识的模块化进行编排,如分为传感器、全息照相、光学综合实验、核磁共振、虚拟虚实结合等多个系列实验,以方便学生对各模块知识的查询;③ 按教学方法的层次编排,以获得各类实验的教学指导。

管理功能:① 对实验教学状态实现实时监控,促进教学质量的提高;② 对人员、设备、教室实现自动化和网络化管理;③ 网上自动分组、网上考勤、网上成绩统计及成绩查询、网上实验预约、操作考试自动抽签等。

　　总之,通过对教学内容的合理组织,利用管理系统,能在网上完成实验分组(对必做实验部分)、人员设备的教学管理、网上预习、学习与复习、网上实验预约(对选做实验部分)、网上考勤、操作考试自动抽签、成绩录入和统计、师生网上互动、教师教学工作量自动统计等一条龙服务功能。目前,大学物理实验教学课程网站已在实验教学和管理中发挥了重要的作用。网站对学生学习本课程有很大影响,100%的学生或多或少地通过课程网站进行辅助学习,师生网上互动活跃。

　　2) 广西科技大学大学物理实验教学中心网站使用方法

　　在课程建设中,利用实验课程网站,我们实现了实验室管理的自动化、网络化,提高了实验课程的管理水平。通过物理实验课程网站,用户可以在网上实现实验预习、实验预约、成绩查询、实验答疑、查询分组信息和考试时间等多项功能。下面对大学物理实验课程网站的使用方法进行简单介绍。

　　在计算机中打开浏览器后,在地址栏输入网站地址(目前,网站在广西科技大学校园网内的地址为 http://172.19.93.186),进入后可见到教学网站页面,如图 1-0-5 所示。

图 1-0-5　教学网站页面

　　其中的"精品课程"栏目可以让学生查看以往的课堂教学录像、教学资料和教学课件等资源,"预约系统"栏目则主要用于学生对实验进行预约。

　　点击"预约系统"栏目后可进入如图 1-0-6 所示的页面。

图 1-0-6　预约系统界面

　　如图 1-0-6 所示,页面由"用户登录"、"新闻公告"、"最新实验"、"班级分组"和"期末考试安排表"等多个栏目组成。用户可以在左上方输入学号、姓名及密码后登录系统。页面正下方的"班级分组"栏目可以让学生了解各个开课班级的分组和上课时间安排。右下方的"期末考试安排表"栏目可以让学生在期末时提前了解考试时间的安排。

　　用户在成功登录系统后进入如图 1-0-7 所示的界面,页面中会显示出登录用户所属班级、可约实验个数、已约实验个数、上次登录时间等信息。在页面的左边,有一列共 7 个按钮,可以分别实现"修改资料"、"预约实验"、"实验预约单"、"成绩查询"、"网上教学"、"系统帮助"、"退出"功能。学生可以在这里了解实验项目内容,熟悉实验原理和所配备的仪器,并在已开放的实验时间段内自行选择某一时间来进行实验。

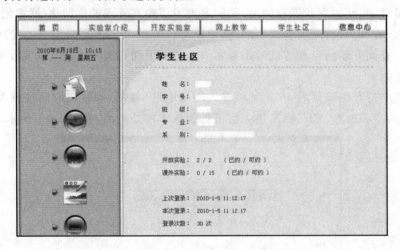

图 1-0-7　成功登录系统页面

　　对实验原理或方法不能很好理解的学生,可以利用信息中心直接在网上向老师提出问题,让老师进行指导和解答。信息中心界面如图 1-0-8 所示。

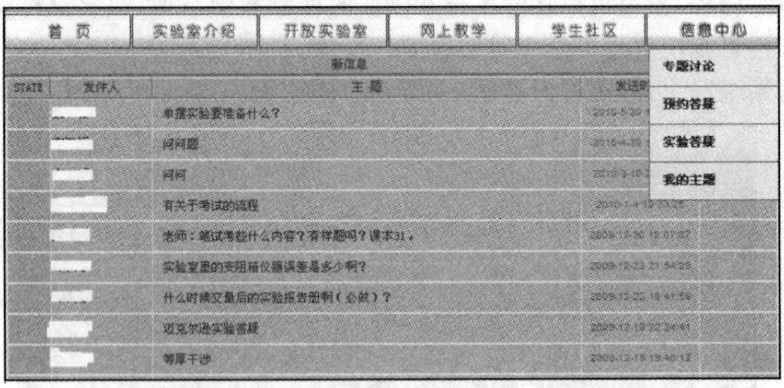

图 1-0-8　信息中心界面

知识拓展

最小二乘法的不确定度计算

　　当被测量的值由实验数据用最小二乘法拟合的直线或曲线得到时,其不确定度可以用统计方法得到。由于这种方法涉及许多数理统计知识,这里仅作简单介绍。

下面以最简单的直线拟合为例进行分析。假设已经测量到了一系列实验数据 (x_i, y_i),$i = 1, 2, \cdots, n$,并且变量 x 与 y 之间已经通过最小二乘法拟合得到两变量之间满足线性关系 $y = ax + b$,可以通过以下方法计算拟合结果参数 a、b 的不确定度。

先用式(1-0-5)计算实测数据点在拟合直线两侧的离散程度,其离散程度大小用标准偏差 U_{yA} 表示。U_{yA} 反映的是每个 y_i 的标准不确定度的 A 类分量值。

$$U_{yA} = \sqrt{\dfrac{\sum\limits_{i=1}^{n}(y_i - ax_i - b)^2}{n-2}} \tag{1-0-5}$$

然后再考虑仪器误差。由于最小二乘法的定义只考虑了响应的误差,使得该直线到参与回归点的垂直距离的和最小,换句话说,就是只考虑了 y 轴上的误差,并假定该误差是服从正态分布的,所以只需要考虑测量 y 值所用仪器误差 U_{yB} 即可。

在根据实验中实际测量仪器得到仪器误差 U_{yB} 以后,求出 y 值的总不确定度 U_y 为

$$U_y = \sqrt{U_{yA}^2 + U_{yB}^2}$$

根据不确定度的传递关系,可以求出拟合直线斜率 a、截距 b 的不确定度 U_a、U_b 分别为

$$U_a = U_y \sqrt{\dfrac{1}{\sum\limits_{i=1}^{n}(x_i - \overline{x})^2}} = \dfrac{U_y}{\sqrt{n\left[\overline{x^2} - (\overline{x})^2\right]}}$$

$$U_b = U_y \sqrt{\dfrac{\sum\limits_{i=1}^{n}x_i^2}{n\sum\limits_{i=1}^{n}(x_i - \overline{x})^2}} = \sqrt{\overline{x^2}} \cdot U_a$$

计算出 U_y、U_a、U_b 后,就可按通常的测量结果评定方法,利用不确定度的传递关系求出待测物理量 x 的总不确定度 U,并把结果表示为式(1-0-6)的形式。

$$\begin{cases} x = \overline{x} \pm U(\text{单位}) \\ U_r = \dfrac{U}{\overline{x}} \times 100\% \end{cases} \quad (P = 68.3\%) \tag{1-0-6}$$

1.2 虚拟实验技术在物理实验中的应用

本节内容为与计算机应用密切相关的物理实验项目。虚拟实验技术以计算机为核心,结合了虚拟现实技术(VR)、虚拟仪器技术、计算机辅助教学(CAI)和多媒体计算技术(MPC)等多项新兴技术,是物理实验教学的新手段和新技术。

实验 1-1 虚拟仿真系统实验

虚拟实验技术起源于 20 世纪末,是依托"虚拟现实"(Virtual Reality,英文缩写 VR)技术而产生和发展的一种实验模式。国内外一些远程教育机构曾采用过各种方法来解决实验的近距离性与教学手段的远距离性之间的矛盾。在当时使用的各种方法中,有的仅适合少数简单实验,有的由于与理论教学不相衔接而导致效果不佳。直至 20 世纪 90 年代,计算机硬件和虚拟实验技术的迅速发展才给远程实验教学带来了希望。

虚拟实验技术是利用软件和硬件的结合,取代传统的常规实验仪器设备,在计算机或计算机网络上进行模拟、仿真各种实验的技术。利用现代计算机和高速网络,物理实验可以实现虚拟化和远程化,从根本上解决现有的实验教学与远程教育模式不相适应的状况。本实验主要介绍由中国科技大学开发的大学物理仿真实验 2.0 系统的使用。

【实验目的】

(1) 掌握大学物理仿真实验系统的操作和使用。

(2) 了解大学物理分布式远程虚拟仿真实验教学系统所能实现的功能。

(3) 在大学物理仿真实验系统中进行仿真实验。

【实验仪器】

计算机、大学物理仿真实验系统。

【实验原理】

虚拟实验系统由计算机(或计算机网络)、实验设备模块和实验软件三部分组成。为了能够保证实验软件的运行速度,运行虚拟实验系统的计算机对 CPU 处理器和内存有一定的要求。当在本地计算机上进行实验时,还要求配备有外部存储设备,如硬盘等。

实验设备模块的功能主要靠软件来实现。通过编写程序,可以在计算机上实现多种仪器,如示波器、信号发生器、数字万用表等功能,或是直接显示信号的强度、频率、波形等性质,并利用鼠标或键盘等输入设备对仪器进行操作和调节。计算机上软件形式的虚拟设备具有很大的灵活性,实验者可以根据自己的需要进行设计、定义和扩充,使得这些虚拟设备更符合实际测量精度的需要。利用各种虚拟仿真实验软件,不但能很好地完成传统实验室的工作,还可以实现一些在传统实验室中无法完成的功能。实验仿真软件是一个实验平台,它可以把要研究的对象用多媒体手段表现出来。

【实验内容与步骤】

(1) 运行计算机桌面的"大学物理仿真实验"快捷方式图标,将弹出用户登录对话框,如图 1-1-1 所示。

在此登录界面,学生可输入自己的姓名、密码及服务器 IP 地址和端口(服务器地址、端口请向教师获取)等参数,点击"确定"按钮后即可登录。如需要修改默认的服务器地址和端口,可以单击"修改服务器信息"选项,再填入正确的服务器地址和端口。若钩选了"修改密码"选项,那么用户在登录后可以对密码进行修改。

若选择了"修改密码"选项,则在登录后,出现如图 1-1-2 所示的对话框。

用户可以修改密码,单击"确定"按钮确认密码修改,单击"取消"按钮取消密码修改。

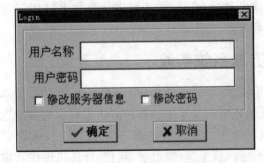

图 1-1-1　用户登录对话框

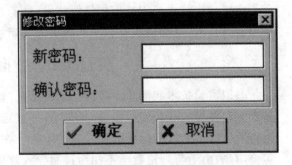

图 1-1-2　修改密码对话框

（2）若登录成功，计算机将播放"大学物理仿真实验"软件的介绍影像。影像结束后，出现"大学物理仿真实验"的界面（以下简称"主菜单"），如图 1-1-3 所示，其中，"提交实验报告"选项是"实验报告处理系统"的选择菜单。

图 1-1-3　大学物理仿真实验系统界面

在成功登录大学物理仿真实验界面后，用户可以断开网络连接，在本地做仿真实验。

（3）用户单击实验的名称就可以做相应的实验。

（4）实验结束后单击"提交实验报告"，运行实验报告处理系统以获取、书写、发送实验报告。

① 单击"新建"按钮或者在主菜单上选择"文件→新建"，用户可以新建一个实验报告（新建实验报告后，请手动进行页面设置，以适合您打印和显示）。

② 单击"获取报告"按钮或者在主菜单上选择"网络→获取报告"，弹出选择实验的对话框（在该对话框中，只能选择可以递交实验报告的实验），如图 1-1-4 所示。

③ 若成功地接收并打开实验报告后，在主菜单上选择"文件→编辑"或者单击工具栏中的"编辑"按钮，就可对实验报告进行书写、修改（与通常的 Windows 记事本用法相同）。编辑结束后，用户可以利用 Windows 记事本的功能直接存储副本在本地硬盘上，也可以直接退出 Windows 记事本，本系统也给您提供了完善的文件管理功能。

图 1-1-4　实验报告处理系统

④ 单击工具栏中的"保存"按钮或者在主菜单上选择"文件→存盘"，将弹出存储实验报告的对话框，默认的文件是以实验名称命名的，用户也可以修改文件名称和所在目录进行存储。如果用户选择的文件名已经存在，将提示用户是否覆盖原来的文件（本功能在用户修改实验报告后有效）。

⑤ 单击工具栏中的"提交"按钮或者在主菜单上选择"网络→递交报告"，将把现在正在处理的实验报告上交到教学管理服务器上。

⑥ 单击工具栏中的"退出"按钮或者在主菜单上选择"文件→退出"，将关闭本系统，且返回到"大学物理仿真实验"主菜单。如果用户当前打开的实验报告被改动而没有存储，将提醒用户存储。

(5) 单击主菜单的"退出"命令,退出"大学物理仿真实验"。

【实验报告要求】

(1) 实验报告可以直接在大学物理仿真实验系统中提交,或是稍后以书面形式上交。当在仿真实验系统中提交时,注意应当在实验报告的开头处标明实验者的班级、学号、姓名。

实验报告中应包含所进行的仿真实验项目的实验原理、所进行的操作内容和步骤,以及所测量到的实验结果。在实验报告的最后一部分应对实验结果进行简单分析。

(2) 对仿真实验软件的应用前景进行分析或谈谈自己的实验体会与收获。

【思考题】

(1) 与常规实验相比,仿真实验有何优点? 有何缺点?

(2) 如果你学习的是计算机相关专业,那么通过本实验你对今后的专业学习有何启发?

【参考资料】

[1] 周雪松,丰美丽,等. 虚拟实验技术的研究现状及发展趋势[J]. 自动化仪表,2008,29(4):11-14.

[2] 王明东,赵维明,等. 近代物理虚拟实验的研究与实践[J]. 实验室研究与探索,2009,28(12):32-34.

[3] 杨伟斌,张红. 虚拟仪器在普通物理实验中的应用[J]. 物理与工程,2009,19(3):17-21.

知识拓展

大学物理仿真实验系统介绍

广西科技大学现采用的仿真实验教学软件是由中国科技大学开发的大学物理仿真实验2.0系统。该系统通过计算机把实验设备、实验内容和实验操作有机地融合在一起。与传统仿真实验平台相比,该系统在仪器的仿真操作、图形化的人机界面等方面均取得了重大突破。

本仿真实验系统可以增进实验者对物理实验思想方法的理解,对培养实验技能、深化物理理论知识有着很大的帮助。它具有如下几个特点。

(1) 在实验环境模拟方面进行强化。实验者能通过仿真实验软件对实验的整体环境、仪器结构建立起直观认识。仿真界面中的仪器关键部位可以进行拆卸操作,从而让实验者了解仪器的内部构成,加强对实验方法的理解。

(2) 采用模块化仪器结构。模块化仪器可以让实验者对提供的仪器进行选择和组合,培养学生的设计能力和分析能力。

(3) 模拟了完整的实验过程。实验者必须在理解的基础上才能实现正确的操作,避免了实验中的盲目操作和"走过场"现象的发生。

(4) 实验中的帮助页面可以随时让学生对实验背景和应用等方面进行了解。

大学物理仿真实验2.0系统包含了多个实验内容,具体如下:

电子自旋共振实验、分光计实验、弗兰克-赫兹实验、法布里-珀罗标准具实验、γ能谱实验、光电效应测普朗克常数实验、G-M计数管和核衰变统计规律实验、检流计的特性实验、凯特摆测重力加速度实验、薄透镜成像规律研究实验、低真空实验、螺线管磁场的测量与研究实验、核磁共振实验、偏振光的研究实验、阿贝比长仪及氢氖光谱测量实验、平面光栅摄谱仪及氢氖光谱拍摄实验、热敏电阻温度特性实验、示波器实验、油滴法测电子电荷实验、塞曼效应实验等。

实验 1-2　虚拟仿真示波器的调节与使用

直流、正弦交流、方波信号是电路实验中常用的电源信号,可由直流稳压电源、函数信号发生器提供。测试信号波形和幅度的常用仪器有万用表、交流电压表和示波器。

示波器是一种用途较广的电子仪器,它可以把原来肉眼看不见的变化电压变换成可见的图像,以供人们分析研究。示波器除了可以直接观测电压随时间变化而变化的波形外,还可以测量频率、相位等。利用换能器还可以将应变、加速度、压力以及其他非电量转换成电压进行测量。本实验将学习虚拟示波器的使用。

【实验目的】

(1) 学习虚拟双踪示波器的基本结构与工作原理,学习基本的操作使用方法。

(2) 学习虚拟函数信号发生器的操作使用方法。

(3) 利用虚拟双踪示波器观察虚拟函数信号发生器的各种周期性信号(正弦波、三角波、方波、锯齿波)的波形图,测量电压信号的周期、峰值、有效值和峰峰值。

(4) 利用虚拟双踪示波器观察李萨如图形,测量未知正弦信号频率。

【实验仪器】

计算机、虚拟示波器软件。

【实验原理】

测量仪器按照应用领域的不同,其功能、形态是多种多样的。但是各种测量仪器都可以分成三大功能模块,即数据的采集与控制、数据的分析与处理、结果的输出与显示。对于传统仪器而言,这三大功能模块均以硬件形式存在,每种仪器的功能是设备制造厂家在设计生产时定义的,都对应着特定的应用场合,用户是不能改变仪器的特性或功能的。即便是后来出现的数字化仪器、智能仪器,虽能使传统仪器的准确度提高、功能增强,但仍未改变传统仪器那种独立使用、手动操作、任务单一的模式。

虚拟仪器(Virtual Instrument,缩写为 VI)是 20 世纪 90 年代初期出现的一种新型仪器,是计算机技术与仪器技术深层次结合产生的产物,虚拟仪器是继第一代仪器——模拟式仪表、第二代仪器——分立元件式仪表、第三代仪器——数字式仪器、第四代仪器——智能化仪器之后的新一代仪器,是对传统仪器概念的重大突破,代表了当前测试仪器的发展方向。

虚拟仪器最大的特点之一是可通过软件定义,用户可以根据应用需要进行调整,通过选择不同的应用软件编写适合自己需求的仪器形式,开发各种特殊功能。

【实验仪器介绍】

本实验中所要用到的仪器有虚拟双踪示波器、虚拟信号发生器。

虚拟双踪示波器面板如图 1-2-1 所示。

点击如图 1-2-1 所示左下方的"电源开关"按钮,打开虚拟示波器的电源,然后点击"显示信号发生器"按钮,可显示模拟信号发生器面板,如图 1-2-2 所示。

模拟信号发生器可仿真产生频率在 $0 \sim 20$ kHz 范围内电压可调的正弦波、三角波、方波和锯齿波。所产生波形可以通过"波形选择开关"来改变,信号频率和峰峰值 U_{p-p} 则可以用

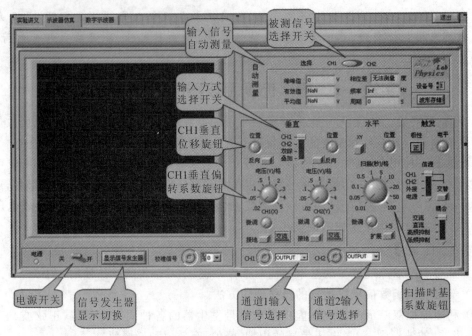

图 1-2-1　虚拟双踪示波器面板图

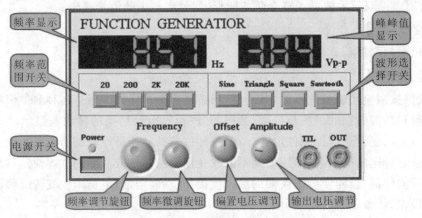

图 1-2-2　模拟信号发生器面板图

"频率范围"开关、"频率调节"旋钮和"输出电压调节"旋钮来控制。

要选择输入虚拟示波器相应通道的信号源,可以点击虚拟双踪示波器的"CH1(CH2)输入选择"下拉框。菜单中各项表示的信号源如表 1-2-1 所示。

表 1-2-1　虚拟双踪示波器各选项对应的输入信号

菜　单　项	模拟的信号源
OUTPUT	模拟信号发生器的输出信号
TTL	模拟信号发生器的输出的 TTL 信号(5 V 方波)
未知信号	频率、幅度未知的虚拟待测正弦波

【实验内容与步骤】

1. 虚拟仪器的使用

(1) 启动计算机,打开虚拟示波器软件,了解软件的使用方法。

（2）打开虚拟示波器和虚拟信号发生器的电源，熟悉虚拟示波器的各个开关按钮的含义及其作用。

（3）信号电压与周期的测量。

① 将模拟信号发生器产生的正弦信号输入到示波器 CH1（或 CH2）输入端。

② 调节对应通道的"垂直偏转系数"旋钮和"扫描时基系数"旋钮，使一个周期以上的正弦波信号显示在荧光屏内。

③ 信号位置可以通过调节"垂直位移"旋钮及"水平位移"旋钮来进行改变。

用示波器测量电压时，一般是测量其峰峰值 U_{p-p}，即从波形图的波峰到波谷之间的值，如图 1-2-3 所示。实验时利用荧光屏前的刻度标尺分别读出与电压峰峰值对应的垂直方向的距离 y 及一个周期波形所对应的水平方向距离 x，则

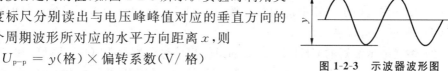

图 1-2-3 示波器波形图

$$U_{p-p} = y(\text{格}) \times \text{偏转系数}(\text{V}/\text{格})$$
$$T = x(\text{格}) \times \text{时基系数}(\text{s}/\text{格})$$

按表 1-2-2 所示的要求测量信号发生器输出的正弦信号的电压峰峰值 U_{p-p} 与周期 T，保存正弦波信号的图形，并将图插入到实验报告之中。

表 1-2-2 正弦信号电压与周期测量数据表

信号发生器		双踪模拟示波器				测量值	
频率/Hz	输出电压 U_{p-p}/V	偏转系数/（V/格）	y/格	时基系数/（s/格）	x/格	U_{p-p}/V	T/ms

④ 由测量的电压峰峰值 U_{p-p}，计算出电压的峰值和有效值。

⑤ 观察三角波、方波和锯齿波的波形，重复步骤①至④，保存三角波、方波和锯齿波信号的图形，并将图插入到实验报告之中。

2. 观察李萨如图并测定未知正弦信号频率

如图 1-2-4 所示，当两个正弦信号分别加到垂直与水平偏转板时，荧光屏上光点的运动轨迹是两个互相垂直的谐振动的合成。当两个正弦信号频率之比为整数之比时，其轨迹是一个稳定的闭合曲线。例如，垂直方向信号的频率 f_y 是水平方向信号频率 f_x 的 2 倍时，合成结果为如图 1-2-5 所示的闭合曲线。图 1-2-5 所示的是一组频率比为整数比时两信号合成的封闭曲线，这种曲线称为李萨如图。

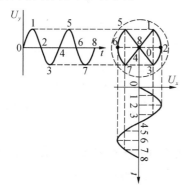

图 1-2-4 正弦信号合成示意图

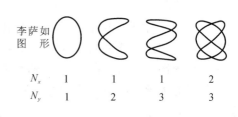

图 1-2-5 $f_y : f_x$ 为 1：1、1：2、1：3、2：3 时的李萨如图

如果两个信号的频率比不是整数比,图形就会不稳定。当接近整数比时,可以观察到转动的图形。李萨如图的形状还随两个信号的幅值及相位不同而变化。

如图 1-2-5 所示,李萨如图在垂直方向振动频率 f_y 与水平方向振动频率 f_x 之比和垂直方向的切点数目 N_y 与水平方向的切点数目 N_x 之比成反比关系,即

$$\frac{f_y}{f_x} = \frac{N_x}{N_y} \tag{1-2-1}$$

利用这一关系可以测量正弦信号频率。如果已知其中一个信号的频率连续可调,则把两个正弦信号分别输入 x 轴与 y 轴,调出稳定的李萨如图,从李萨如图上数出切点数 N_x 与 N_y,记下已知信号的频率,即可由式(1-2-1)算出待测正弦信号的频率。其实验步骤如下。

(1) 按下在虚拟示波器中部的"xy"按钮,此时 CH1 通道变为荧光屏信号的水平输入端(x 轴),CH2 通道为垂直输入端(y 轴)。

(2) 将虚拟示波器的 CH1 和 CH2 通道输出信号分别改为"OUTPUT"和"未知信号"。

(3) 调节虚拟信号发生器输出信号的频率,直至李萨如图变化最缓慢为止,分别得到 N_x:N_y 为 1:1、1:2、2:3 的李萨如图形,记下相应的虚拟信号发生器输出的正弦信号的频率 f_x、水平及垂直方向上的切点数 N_x 与 N_y,并保存对应李萨如图形。

【实验报告要求】

(1) 对于内容1,将所保存到的正弦波、三角波、锯齿波和方波图形贴到实验报告的数据处理内容中,并将用式(1-2-1)计算到的电压峰峰值 U_{p-p} 和频率与自动测量值比较,算出相对不确定度。

(2) 将内容2的图插入到实验报告之中,并根据 f_x、切点数 N_x 与 N_y 的值,计算出待测正弦信号的频率 f_y,填入表 1-2-3 中。

表 1-2-3　用李萨如图测量正弦信号频率数据表

测 量 数 据	N_x:N_y 比值		
	1:1	1:2	2:3
N_x			
N_y			
f_x/Hz			
f_y/Hz			

(3) 分析虚拟仪器软件的应用前景。

【思考题】

(1) 荧光屏上有时不出现图像,试分析在什么情况下会出现这种现象?

(2) 扫描时基系数开关上标出的是扫描时间系数,如何测定扫描波的频率?

(3) 如果李萨如图一直在改变,说明什么问题? 对测量结果有什么影响?

(4) 如果你大学学习的是计算机相关专业,那么本实验对你今后的专业学习有何启发?

【参考资料】

[1] 乜国荃,李宗莲.虚拟示波器的设计与实现[J].青海师范大学学报,2008,4(5):32-35.

[2] 赵明辉.基于虚拟仪器技术的示波器测试系统[J].科技资讯,2008,13(11):18-22.

[3] 曾文琪.基于第三方数据采集卡的虚拟仪器设计与实现[J].仪器仪表用户,2008,15(2):10-13.

[4] 任尹飞,孙旭伟.虚拟数字示波器在自动检测系统中的应用研究[J].自动化与仪器仪表,2009,4(7):40-46.

知识拓展

虚拟仪器的系统构成和开发环境

虚拟仪器是指在通用仪器硬件平台上用软件形式实现传统测量仪器的作用。使用虚拟仪器进行实验通常需要使用到计算机、数据采集卡和相应软件。当进行仿真模拟实验时,可以不使用采集卡,而完全使用软件进行虚拟仿真实验。当需要对实际信号进行测量时,则必须要用到采集卡。

在使用虚拟仪器进行测试的过程中,会涉及计算机与实际仪器信号的相互传输问题。常用的数据传输总线有以下几种:GPIB、VXI 和 PXI。GPIB 在 20 世纪 60 年代中期由惠普提出,后成为 IEEE488 标准,成为业界接受的第一个程控通用仪器总线。GPIB 具有最广泛的软硬件支持。VXI 总线将高级测量与测试应用设备带入模块化领域,主要用于大型的 ATE 系统、航空、航天等国防军工领域。PXI 总线则是基于 PC 的一种小型模块化仪器平台的总线,主要用于测试、测量与控制应用。与 GPIB 和 VXI 相比较,PXI 技术的优点在于它来源于现成的 PC 技术,所以其性能提高更快,成本更低。

虚拟仪器的软件部分,通常可以用 NI 公司的虚拟仪器软件 LabVIEW 在 PC 上进行设计和架构。LabVIEW 是目前应用最广、发展最快、功能最强的图形化虚拟仪器开发软件。运用 LabVIEW,设计者可以在"所见即所得"的可视化环境下设计人机交互界面,使用图标表示功能模块,使用图标之间的连线表示各模块之间的数据传递。用它设计出来的虚拟仪器可以脱离 LabVIEW 开发环境运行,最终使用者所看到的会是一个与真实硬件仪器相类似的仪器操作面板。

实验 1-3 虚实结合综合光学实验

虚拟仪器是在近些年计算机普及后才发展起来的一门技术,它可以利用高性能的模块化硬件对信号进行采集,之后再用计算机软件来完成各种测试、测量和自动化的应用。虚拟仪器具有高性能、高扩展性、低成本等优点,同时还可以利用计算机的运算、存储和显示功能,对数据直接进行处理,满足多种测量要求。虚拟仪器技术在现代各科学领域中使用越来越广泛。本光学实验中,虚拟仪器技术得到了应用。

【实验目的】

(1)了解虚拟仪器的概念和应用。

(2)利用虚拟仪器观察单缝衍射图像,并分析单缝形成的衍射图样的光强分布规律。

(3)利用虚拟仪器观察和分析双缝干涉图像。

【实验仪器】

YH-Ⅱ多功能物理实验系统、半导体激光光源、单缝衍射模板、双缝衍射模板、二维半自动扫描平台、计算机。

【实验原理】

1. 单缝衍射

光波遇到障碍物时,偏离直线传播而进入几何阴影区域,使光强重新分布的现象,称为衍

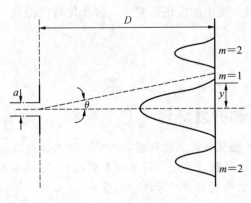

图 1-3-1　单缝衍射图

射现象。光的衍射效应是否显著,取决于障碍物尺寸与光波波长的相对比值。只有当障碍物尺寸小于光波波长或二者相近时,才能产生较为明显的衍射效应;当障碍物尺寸远大于光波波长时,衍射范围弥漫整个视场,无法观察到明显衍射现象。

假设图 1-3-1 中的入射光波长为 λ,已知单缝宽度为 a,缝与屏的间距为 D,那么在衍射角为 θ 的位置上,光程差为 $\Delta = a\sin\theta$。根据菲涅尔半波带法可知,当 Δ 等于入射光半波长的偶数倍时,入射光分成偶数个半波带,抵消后在观察点出现暗纹;当 Δ 等于入射光半波长的奇数倍时,入射光分成奇数个半波带,抵消后则会使得在观察点位置出现明纹。也可用下式表示:

$$\Delta = a\sin\theta = \begin{cases} 0, & \text{中央明纹} \\ \pm(2k)\dfrac{\lambda}{2}, & k=1,2,\cdots, \text{暗纹} \\ \pm(2k+1)\dfrac{\lambda}{2}, & k=1,2,\cdots, \text{明纹} \end{cases} \tag{1-3-1}$$

在式(1-3-1)中,k 称为衍射级次,正负号"$\pm$"表示明暗条纹对称分布在中央明纹的两侧。通常衍射角 θ 较小,当第 m 级暗纹与中央明纹距离为 y 时,得到关系

$$\sin\theta \approx \theta \approx \tan\theta \tag{1-3-2}$$

根据图 1-3-1 中几何关系,得到

$$\tan\theta = \frac{y}{D} \tag{1-3-3}$$

将式(1-3-2)和式(1-3-3)联立可得

$$a = \frac{m\lambda D}{y} \quad (m=1,2,\cdots) \tag{1-3-4}$$

在已知入射光波长 λ、第 m 级暗纹与中央明纹距离 y、单缝与屏距离 D 时,即可利用此表达式求出单缝的宽度 a 的数值。

2. 双缝干涉

1801 年,托马斯·杨巧妙地设计了一种把单个波阵面分解为两个波阵面以锁定两个光源之间的相位差的方法来研究光的干涉现象。托马斯·杨用叠加原理解释了干涉现象,在历史上第一次测定了光的波长,为光的波动学说的确立奠定了基础。

杨氏双缝干涉实验装置如图 1-3-2 所示。光源发出的光照射到单缝 S 上,在单缝 S 的前面放置两个等宽度的狭缝 S_1、S_2,S 到 S_1、S_2 的距离很小并且相等。按照惠更斯原理,S_1、S_2 是由同一光源 S 形成的,满足振动方向相同、频率相同、相位差恒定的相关条件,故 S_1、S_2 是相关光源。这样 S_1、S_2 发出的光在空间相遇,将会产生干涉现象。

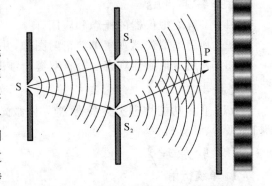

图 1-3-2　杨氏双缝干涉实验装置图

在干涉条纹中的极大(亮条纹)对应的角度由下式给出

$$d\sin\theta = m\lambda \quad (m=1,2,\cdots)$$ (1-3-5)

式中,d 表示缝间距($d=a+b$,a 是狭缝 S_1 或 S_2 的宽度,b 是 S_1 与 S_2 的间距),θ 表示从图样中心到第 m 级明纹间的夹角,λ 表示光的波长,m 表示级次(从中心向外计数,$m=0$ 对应中央极大,$m=1$ 对应第一级极大,$m=2$ 对应第二级极大,$\cdots$)。

通常 θ 较小,所以有

$$\sin\theta \approx \theta \approx \tan\theta$$ (1-3-6)

又根据图中的三角关系,得

$$\tan\theta = \frac{y}{D}$$ (1-3-7)

将式(1-3-6)和式(1-3-7)联立,可得

$$d = \frac{m\lambda D}{y} \quad (m=1,2,\cdots)$$ (1-3-8)

根据式(1-3-8),在已知入射光波长 λ、第 m 级明纹与中央明纹距离 y、双缝与屏距离 D 的情况下,即可求出双缝的缝间距 d。

【实验内容与步骤】

1. 单缝衍射的观察与测量

(1)打开仪器电源,然后将白屏放在光电传感器前,改变激光光源、单缝模板的位置,直至能在白屏上看到清晰的单缝衍射图像。

(2)在计算机上运行综合光学实验的专用软件,选择"单缝衍射"实验项目,并根据实际连接情况选择适当的传感器通道号,如图 1-3-3 所示。

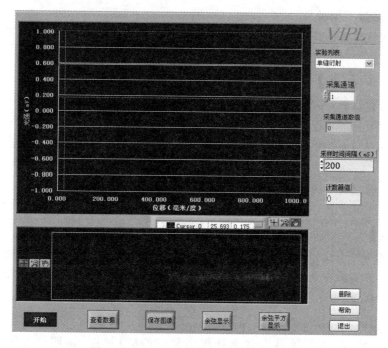

图 1-3-3　综合光学实验虚拟仪器界面图

(3)点击虚拟仪器主界面的"开始"按钮,同时启动二维半自动扫描平台,用光学传感器对衍射条纹进行扫描。对所扫描到的图形结果,要求直接使用虚拟仪器对各级次暗纹位置进行

测量,并记录到表 1-3-1 中。

(4) 改变单缝宽度、单缝模板位置和光源位置,重复步骤(1)～(3),再次进行测量。

表 1-3-1　单缝衍射数据记录表

光源的位置/cm				
单缝模板的位置/cm				
狭缝的理论宽度/mm				
传感器或屏的位置/cm				
	第一级(m=1)		第二级(m=2)	
同级次条纹间距/cm				
暗条纹到中心的距离 y/cm				
计算实际单缝宽度/mm				

2. 双缝干涉的观察与测量

(1) 将仪器上的单缝模板更换为双缝模板,调节激光光源、双缝模板的位置,直至能在白屏上看到清晰的双缝干涉图像。

(2) 在计算机上运行综合光学实验的专用软件,选择"双缝干涉"实验项目,并根据实际连接情况选择适当的传感器通道号。

(3) 点击虚拟仪器主界面的"开始"按钮,同时启动二维半自动扫描平台,用光学传感器对干涉条纹进行扫描。对所扫描到的图形结果,要求直接使用虚拟仪器对各级次明纹位置进行测量,并自拟表格进行记录。

(4) 改变双缝模板的缝间距、双缝模板位置和光源位置,重复步骤(1)～(3),再次进行测量,并记录数据。

【实验报告要求】

(1) 阐述实验目的、原理、仪器及实验步骤等。

(2) 对所测量到的单缝衍射实验数据,用式(1-3-4)算出缝宽 a 的测量值(激光光源波长 $\lambda=670$ nm)填入表 1-3-1 中,再将测量值与单缝模板上的理论值进行比较,并分析结果的不确定度。

(3) 根据所测到的双缝干涉实验数据,用式(1-3-8)算出缝间距 d 的测量值(激光光源波长 $\lambda=670$ nm),再将测量值与双缝模板上的理论值进行比较,并分析结果的不确定度。

【思考题】

(1) 当其他条件不变,只有单缝缝宽增大时,衍射条纹暗纹间的距离 y 是增加还是减小?

(2) 双缝干涉实验中观察到的干涉条纹会出现缺级现象,导致该现象产生的原因是什么?

【参考资料】

[1] 马文蔚,解希顺,等.物理学[M].北京:高等教育出版社,2006.

[2] 杨伟斌,张红.虚拟仪器在普通物理实验中的应用[J].物理与工程,2009,19(3): 17-21.

[3] 张超伦.虚拟仪器及传感器在物理实验中的应用[J].科技教育,2009,28(5):38-45.

知识拓展

虚实结合实验介绍

通常所说的虚实结合实验指的是在传统硬件实验的基础上,引进计算机虚拟仪器实验平台,采用虚拟仪器和传统仪器相结合进行测量的实验模式。

在各高校和企业的实验室中,为了满足测量实验需要,通常需要使用大量的测量仪器来进行数据测试和分析。由于传统的电子测量分析仪器功能单一,价格较高,要完成一个实验测量项目,往往需要使用多种仪器设备,才能完成测量目标。传统仪器还存在成本高、使用不方便的缺点。

随着20世纪90年代后期计算机技术、软件技术、总线技术、网络技术、微电子技术的发展,及其在电子测量技术与仪器领域中的应用,新测试理论、测试方法、测试技术不断出现,仪器与系统的结构不断推陈出新,电子测量仪器及自动测试系统的结构也发生了质的变化,功能与性能得到了不断的提高。在这样的背景下,美国国家仪器公司(National Instrument,简称NI)提出了虚拟仪器的概念。虚拟仪器通常指一些特殊的应用程序,它可以与功能化模块相结合,并提供友好的图形界面,从而方便用户对仪器进行控制、采集分析实际信号数据,并显示相应结果。灵活高效的软件能帮助虚拟仪器使用者创建自定义的用户界面,模块化的硬件则能方便地提供全方位的系统集成,标准的软、硬件平台能满足对同步和定时应用的需求。虚拟仪器的出现,彻底改变了传统的仪器观,开辟了测量、测试技术的新纪元。虚拟仪器至今在国内还是一个相当新的概念,但这些年来的应用增长非常迅速,已经开始应用于航空航天、智能交通、汽车、医疗、教育等领域。

虚实结合实验结合了虚拟仪器和传统实验的各种优点。它可以部分实现"软件即设备",克服了一些传统仪器易损坏、成本高的缺点,可以在配套适当的传统硬件仪器后轻松实现验证型、设计型和研究型等多种实验。与传统的仿真实验相比,这种实验模式不但可以提供丰富的虚拟设备类型给学生进行操作,同时也可以培养学生动手解决实际问题的能力,避免实验课变为"纸上谈兵"。虚实结合实验在现代教育教学中将会得到越来越广泛的应用。

虚拟技术简介

随着 CAD 技术、计算机软硬件技术的不断发展及科学研究和教育对仿真精度和仿真手段要求的不断提高,虚拟技术随之得到了迅速发展。自 20 世纪 90 年代以来,虚拟技术的应用越来越广泛,已深入到军事、航空航天、汽车、医疗康复、教育等各个领域,将虚拟技术用于人员培训中,现已成为教育的一种趋势,它涉及虚拟现实技术、虚拟样机技术、虚拟维修技术等。

虚拟实验技术结合了虚拟现实技术、虚拟仪器技术、计算机辅助教学和多媒体计算技术(MPC)等多项新兴技术。虚拟实验技术以模拟方式为使用者创造了一个实时反映实体对象变化与相互作用的三维图像世界,在视觉、听觉、触觉等感知行为的体验中,让参与者可以直接参与和探索虚拟对象在所处环境中的作用和变化。该技术表现的是一种可交互的环境,人们可以利用计算机与该环境中的对象进行互动。

1. 虚拟现实技术

虚拟现实技术是一门新兴的综合性信息技术,它融合了数字图像处理、计算机图形学、多媒体技术、传感器技术等多个信息技术分支,模拟人的视觉、听觉、触觉等感觉器官功能,使人能够沉浸在计算机生成的虚拟环境中。在虚拟环境中,使用者利用键盘、鼠标或是专用头盔等输入设备,便可以进入虚拟空间,进行实时交互,感知和操作虚拟世界中的各种对象,获得身临其境的感受和体会。虚拟现实技术的应用前景十分广阔。它的出现起源于军事和航空航天领域的需求,但近年来,虚拟现实技术的应用已大步走进工业、建筑设计、教育培训、文化娱乐等方面。

虚拟现实技术的核心在于计算机。计算机的主要功能在于生成虚拟图形界面,然后在图像显示设备中产生视觉效果。利用虚拟现实技术,可以实现脱离传统教学硬件,不再使用具体仪器设备,而是直接在计算机构造的虚拟环境中模拟实验操作。实验过程中不仅和传统仪器具有一样的效果,如观察信号波形、电平等,而且在设备支持下能让使用者感受到声音、温度、压力等多方面的体验。随着虚拟现实技术的不断发展,硬件产品和软件产品会越来越多,效果也会越来越完善。

2. 虚拟仪器技术

虚拟仪器技术就是利用高性能的模块化硬件,结合高效灵活的软件来完成各种测试、测量和自动化的应用技术。虚拟仪器是计算机技术与仪器技术深层次结合产生的全新概念的仪器,是对传统仪器概念的重大突破,是仪器领域内的一次革命。用户可以利用灵活高效的软件创建完全自定义的用户界面,模块化的硬件能方便地提供全方位的系统集成,标准的软、硬件平台能满足对同步和定时应用的需求。在过去的 30 年中,虚拟仪器技术已经为测试、测量和自动化领域带来了一场革新。虚拟仪器技术把现有技术与创新的软硬件平台相集成,从而为嵌入式设计、工业控制及测试和测量提供了一种独特的解决方案。

使用虚拟仪器技术,结合专用的数据采集卡,可以方便、高效地创建测量解决方案,满足实际实验中灵活多变的需求变化。这一点是只有固定功能的传统仪器所不能实现的。只要拥有适当的数据采集设备,虚拟仪器技术所提供的灵活性、测量精度及数据吞吐量和同步性都已经大大地超过了传统系统。

3. 计算机辅助教学

计算机辅助教学是把计算机作为一种新型教学媒体,将计算机技术运用于课堂教学、实验课教学、学生个别化教学(人机对话式)及教学管理等各教学环节,以提高教学质量和教学效率的教学模式。它是集图、文、声、像为一体,通过直观、生动的现象来刺激学生的多种感官参与认识的活动,调动参与者的学习积极性,从而提高学习效率的一种教学手段。与以往任何一种先进媒体的应用相比,多媒体技术的引入,使传统的教育方式发生了更深刻的改革,教学质量和教学效率也有了显著的提高,其中最关键的因素是多媒体信息对教育有着巨大的促进作用。传统知识的传授,基本上都是利用教师的语言描述,虽然也可以重现客观世界,但过于抽象,需要学生的主动领会和配合,才能取得较好的效果。然而,在多媒体技术的帮助下,可直接把现实世界以图形、图像形式表示出来。例如,宏观的宇宙世界、微观的物质结构,如用语言描述,要想得到正确的概念对教学而言是非常困难的,但现在利用多媒体技术,可以使内容、结构变得非常直观和容易了解。

现在计算机辅助教学作为现代教育技术之一,已经开始进入大规模的应用阶段。尤其是从 20 世纪 90 年代以来随着多媒体技术、网络应用技术、HTML 技术的迅速发展,计算机辅助教学的研究和应用得到了高速发展。

实验 1-4　虚实结合红外扫描成像实验

1666 年,英国物理学家牛顿发现,太阳光经过三棱镜后分解成彩色光带——红、橙、黄、绿、青、蓝、紫。1800 年,英国天文学家 F. W. 赫歇耳在用水银温度计研究太阳光谱的热效应时,发现热效应最显著的部位不在彩色光带内,而是在红光之外。因此,他认为在红光之外存在一种不可见光。后来的实验证明,这种不可见光与可见光具有相同的物理性质,遵循相同的规律,所不同的只是一个物理参数——波长。这种不可见光称为红外辐射,又称红外光或红外线。太阳光和物体的热辐射都包含有红外辐射。

近年来,由于检测设备的完善及研究的深入,人们对红外线的物理性能及其生物学效应有了比较全面的认识,获得了许多进展。红外线特别是远红外线已被广泛运用在工业和军事的各个方面,与日常生活有关的各种红外线产品也大量出现。

【实验目的】

(1) 了解虚拟仪器的概念和应用。

(2) 学习和掌握红外扫描成像的原理和方法。

【实验仪器】

YH-Ⅱ多功能物理实验系统、半导体激光光源、单缝衍射模板、双缝衍射模板、二维半自动扫描平台、计算机。

【实验原理】

1. 热辐射的本质和特征

由于种种原因,物体能够向其所在空间发射各种不同波长的电磁波;不同波长的电磁波具有不同的效应,人们可以利用不同波长的电磁波效应达到一定的目的。例如,人们可以利用无线电波传送信息,利用 X 射线穿透物质的能力进行零件探伤,利用热辐射传递热能等。根据电磁波的不同效应,可以把电磁波分成若干波段。可见光波段处于波长 $\lambda = 0.38 \sim 0.76\ \mu m$ 的电磁波段范围;$\lambda = 0.76 \sim 1000\ \mu m$ 的电磁波段称为红外波段(一般将红外波段范围又分为近红外波段和远红外波段,近红外波段 $\lambda = 0.7 \sim 25\ \mu m$,远红外波段 $\lambda = 25 \sim 1000\ \mu m$);波长大于 $1000\ \mu m$ 的电磁波段称为无线电波段(根据其波长的不同又可分为雷达、视频和广播三个波段);波长小于 $0.4\ \mu m$ 的电磁波依次分为紫外线、X 射线和 γ 射线等。可见光和红外线及紫外线的一部分被物体吸收后产生热效应,即波长 $\lambda = 0.1 \sim 1000\ \mu m$ 范围内的电磁辐射被物体吸收变为热能,因此,这一波长范围的电磁辐射称为热辐射。电磁辐射谱的主要部分如图 1-4-1 所示。

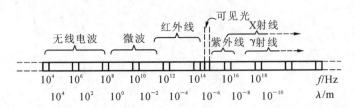

图 1-4-1　电磁辐射谱

2. 热辐射的性质和相关定义

为了进行辐射换热的工程计算,必须研究物体辐射能量随波长的分布特性和分布规律。研究发现,一定时间内物体辐射能的多少及其在各波长上的分布均与物体的温度有关。

1) 单色辐射出射度

实验发现,对于温度为 T 的物体,其向外辐射能量大小在不同波长上是不相同的。为了描述物体热辐射能量在不同波长上的分布规律,物理学家引入了单色辐射出射度 $M_\lambda(T)$ 的概念。设单位时间内从物体单位表面积上发射的波长在 $\lambda \sim \lambda + \mathrm{d}\lambda$ 范围内的辐射能为 $\mathrm{d}M_\lambda$,则有

$$M_\lambda(T) = \frac{\mathrm{d}M_\lambda}{\mathrm{d}\lambda} \tag{1-4-1}$$

单色辐射出射强度通常也简称为单色辐出度。

2) 吸收率、反射率、透射率

当辐射能投射到任何一个表面上时,热辐射与物体之间的相互作用也遵循可见光的规律。一部分热辐射被物体吸收,一部分被反射,可能还有一部分会透过接收辐射的物体。通常可以定义物体的吸收率为 α,反射率为 ρ,透射率为 τ,显然有

$$\alpha + \rho + \tau = 1 \tag{1-4-2}$$

对于不透明物体,由于辐射无法产生透射现象,所以此时式(1-4-2)可写为 $\alpha + \rho = 1$。

而由于气体几乎不会反射热辐射,所以当讨论的是气体时,式(1-4-2)又可简化为 $\alpha + \tau = 1$。

3) 辐射出射度

辐射出射度 $M(T)$ 定义为在单位时间内,从物体单位表面积上所发射的全波长辐射能。辐射出射度也简称为辐出度。辐出度的单位是 $\mathrm{W} \cdot \mathrm{m}^{-2}$。它和单色辐出度的关系为

$$M(T) = \int_0^\infty M_\lambda(T)\mathrm{d}T \tag{1-4-3}$$

3. 黑体辐射

实验和理论都表明,物体在向空间发射电磁辐射的同时,还不断吸收外来的辐射。如果一个物体能够完全地吸收投射在它上面的电磁波,这样的物体称为黑体。黑体是一种理想模型,绝对黑体在自然界中是不存在的。通常在实验中可以用开在不透明空腔上的一个小孔来作为黑体模型。这是由于外部投射辐射能量从小孔进入空腔内以后,必将在其内表面经历无数次的吸收和反射,最后能够从小孔重新射出去的辐射能量必定微乎其微。于是有理由认为,几乎全部入射能量都被空腔吸收殆尽。从这个意义上讲,小孔非常接近黑体的性质。

当空腔温度稳定时,在空腔内部会由于不断发射电磁波而充满电磁辐射,此时会有一小部分电磁波从小孔射出,由小孔所发射出的电磁辐射就可以看成黑体辐射。图 1-4-2 是用实验方法测得的黑体单色辐出度 M_λ 按波长和温度分布的曲线。由实验曲线可以看出,黑体的辐出度等于与 T 对应的曲线与 λ 轴所包围的面积,且随温度的升高会迅速增大。

热辐射的规律是高温测量、星球表面温度、电子工业探温等技术的物理基础,在现代工业中有着广泛的应用。

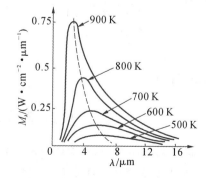

图 1-4-2　黑体单色辐出度的实验曲线

【实验内容与步骤】

(1) 将热辐射方盒放置到适当位置后打开仪器电源,转动方盒,让开有狭缝的一面正对着红外探测器,然后调节 IR-Ⅱ 温控电源,待热辐射方盒温度达到

50 ℃后再开始实验。

　　(2) 打开数据采集软件,设置软件参数,并根据实际连接情况选择适当传感器通道号(通常选择通道 2 即可)。

　　(3) 对样品进行预扫描,确定扫描区间,并选择适当的传感器倍率。

　　(4) 将红外传感器升至比扫描物体高1 cm的位置,启动扫描平台,并单击软件的"开始"按钮进行测量,让二维扫描平台进行水平方向的扫描。停止扫描时,应当先点击软件的"停止"按钮,再停止扫描平台,然后将扫描平台往反方向移动回到初始位置。

　　(5) 将传感器上端的旋钮逆时针旋转一周(该旋钮对应螺杆的螺距为 1.25 mm),使红外传感器下降一定的高度,然后重复步骤(1)至步骤(4),直至采集到 20 条曲线。

　　(6) 将 20 条曲线数据保存,用红外扫描成像图像处理软件对数据进行分析即可得到对应的扫描结果的三维图形。

【实验报告要求】

　　(1) 阐述实验目的、原理、仪器及实验步骤。

　　(2) 将软件扫描到的曲线图,以及用处理软件得到的热分布三维图贴到实验报告的数据处理内容中。

　　(3) 分析热扫描成像在工业生产和日常生活中的应用。

【实验注意事项】

　　(1) 在采集过程中如发现采集曲线不理想,应在采集暂停后,单击"删除数据"按钮,将刚才采集到的不理想数据删除之后,再继续进行测量。

　　(2) 实验进行过程中,要注意选择好合适的扫描区间,并保证扫描区间起始点和停止点的一致性。

　　(3) 应等待物体进行预热,温度稳定以后才开始测数据。

【思考题】

　　(1) 实验中应如何减小环境温度和背景辐射对实验结果的影响?

　　(2) 如果没有保证扫描区间起始点和停止点的一致性,会对结果产生什么样的影响?

【参考资料】

[1] YUNUSA. CENGEL. 传热学[M]. 北京:高等教育出版社,2007.

[2] 邓泽微,熊永红,等. 热辐射扫描成像系统的实验研究[J]. 大学物理实验,2005, 18(1):8-12.

[3] 刘新永,蔡凤丽,等. 红外技术的物理基础及其军事应用[J]. 安徽电子信息职业技术学院学报,2007,6(30):18-21.

知识拓展

红外热成像技术在安防监控领域中的应用

　　随着光电信息、微电子、网络通信、数字视频、多媒体技术及传感技术的发展,安防监控技术已由传统的模拟走向高度集成的数字化、智能化、网络化。现代传感技术中发展迅速的红外热成像技术在安全防范系统中也开始得到了应用。

采用红外热成像技术,探测目标物体的红外辐射,并通过光电转换、信号处理等手段,将目标物体的热分布数据转换成视频图像的设备,称为红外热成像仪。红外热成像仪在现代工业中得到了较为广泛的应用。

1. 实现在恶劣环境下对隐蔽目标的识别

晚上由于可见光强度变弱,白天能正常工作的可见光设备可能会在晚上无法发挥应有的效果。而红外热成像仪的识别方式是依靠接收目标自身的红外热辐射,所以无论是在白天还是在黑夜均可以正常工作。在恶劣的雨雪天气环境下,由于可见光的波长短,克服障碍物的能力差,所以使用常规手段观测无法获得良好效果。利用红外线波长较长的特点,使用热成像仪则可以在恶劣天气下正常对目标进行观测。同样地,在对隐蔽目标识别方面,由于普通伪装都是以防可见光观测为主,所以利用红外成像仪来对人体和车辆的红外辐射进行识别,可以达到识别伪装和防止错误判断的目的。

2. 对大型仪器设备进行预测性维护

对于大型仪器设备来说,由于运行成本和运行效率等方面问题,需要尽可能地减少停机维护时间,所以如何在仪器运行期间对仪器完好情况进行预测就成了一个十分重要的问题。

设备损坏或功能故障往往都会伴随着局部的不正常发热现象,所以可以使用热成像设备来对设备进行预测性维护。通过监视仪器的性能,并在需要时安排维护,可以降低因设备故障而发生停产的可能性,从而延长设备寿命,并最大限度地提高设备的维护效果和生产能力。

实验 1-5　非线性混沌实验

在经典力学中,人们在研究实际问题时往往将问题"线性化",例如在小范围内以直线来代替局部的曲线,或是将曲面分割为若干近似平直的表面,从而方便对问题进行求解。但是,这种方法的作用是极其有限的。20 世纪下半叶,通过大量的观察和分析,人们认识到在现实世界中线性关系其实并不多见,反而是非线性关系在生活中大量存在。为了把握真实的非线性世界的规律,世界各国兴起了一股研究非线性的热潮,非线性科学也成了最引人注目的新兴科学。

在非线性科学中,人们对混沌学研究较多。混沌指的是一类具有不可预测行为的确定性运动。它主要反映非线性系统在时间方面的复杂性。

【实验目的】

(1) 学习测量非线性单元电路的伏安特性。

(2) 学习用示波器观察观测 LC 振荡器产生的波形与经 RC 移相后的波形及相图。

(3) 通过观察 LC 振荡器产生的波形周期分岔及混沌现象,对非线性有一初步的认识。

【实验仪器】

FD-NCE-Ⅱ非线性电路混沌实验仪、FD-NCE 实验接口仪、计算机、混沌实验软件。

【实验原理】

1. 混沌的概念

混沌运动广泛存在于自然界和社会的各个领域,它是一种特殊的运动形态。这种运动形态既不简单地等同于绝对无序与混乱的状态,又不同于复杂的有序状态,而是由有序状态发展而来的"表现"上的无规律(随机)但却有着深刻内在规律性的新的运动形态。事实上,许多看上去混乱的运动既可能是混沌,也可能是一种复杂的周期运动,或者仅仅是那些一时还不清楚其规律性的简单运动。混沌的基本特征如下。

1) 不确定性(也称随机性)

在对某些完全确定的系统进行数学模拟时发现,它能自发地产生出随机性来。混沌会表现出随机性的原因是系统内具有非线性关系。由于混沌系统中这种内随机性的存在,使得人们无法从系统外部去完全控制和把握系统的运行,因而系统会表现出一定的不确定性。为了方便理解混沌具有不确定性的概念,考察一个简单的迭代方程:

$$x_{n+1} = 4x_n(1 - x_n)$$

由以上方程的迭代结果来模拟某个体系。分析计算结果可以发现,迭代所得结果与初值 x_0 的选择有关。在表 1-5-1 中列出了初值为 $x_0 = 0.1, x_0 = 0.10001, x_0 = 0.100001$ 时的迭代结果。

从表 1-5-1 的数据可以看出,初值的微小变化,对迭代结果会产生显著的影响。这反映了混沌运动的不确定性。混沌理论的早期研究者、著名气象学家洛伦兹(E. Lorenz)提出的蝴蝶效应就是不确定性的典型例子。蝴蝶翅膀的一次扇动,有可能会给地球另一面带来一场风暴,或是让天气变得无法预测,这就是蝴蝶效应。

表 1-5-1　迭代方程对初值的敏感性

n	x_0		
	$x_0 = 0.1$	$x_0 = 0.10001$	$x_0 = 0.100001$
1	0.360000	0.360032	0.360003
2	0.921600	0.921636	0.921604
3	0.289014	0.288893	0.289002
⋮	⋮	⋮	⋮
50	0.560037	0.972879	0.856141
51	0.985582	0.105541	0.492654
⋮	⋮	⋮	⋮

2) 有序性

观察混沌运动的行为特征可以发现,混沌具有自相似结构。当系统的变化在相空间中可以用一条轨线来描述时,其相轨迹具有无限嵌套的自相似几何结构。具体的在相图中,该自相似几何结构以奇异吸引子形式出现。

奇异吸引子的概念是 1971 年由法国物理学家大卫·罗尔(David Ruelle)等人在研究耗散系统的过程中引入的。它最显著的特点在于对系统初始条件的敏感性,即在系统的相空间中整体稳定而局部不稳定。它有一个复杂但明确的边界,系统一旦进入该区域就不再脱离,除非系统相空间发生根本性的变化。当系统在吸引子上运动时,轨道会出现急剧的分离。例如,蝴蝶效应中的洛伦兹吸引子就是由两个绕着不动点做周期运动的曲线所组成。在系统进入吸引子区域后,往往先在某一片上做周期运动,然后又跳到另一片,就这样往复变化,呈现出一种随机的运动情况。它在平面上的投影如图 1-5-1 所示。正是由于这种图像有些像蝴蝶翅膀,同时只需要像蝴蝶翅膀振动那么小的扰动就会产生系统状态从一片到另一片的变化,所以蝴蝶效应也因此而得名。

图 1-5-1　洛伦兹吸引子

要对混沌行为进行研究,可以通过一些人们熟悉的例子来进行。例如,许多文献中都提到过的虫口模型就是一个很好的实例。具体分析请同学自行查阅参考文献。

2. 非线性电路与非线性动力学方程

在本实验中,我们利用包含有源非线性负阻的电路来产生混沌现象,仪器原理图如图 1-5-2 所示。图中的元件 R 是一个有源非线性负阻器件,理想情况下该元件的伏安特性曲线应为分段线性的形式,如图 1-5-3 所示,从其伏安特性曲线可以看出,加在此非线性元件上的电压与通过它的电流流向是相反的,并且随着加在元件上电压的增加,通过它的电流却没有发生线性减小,因此该元件被称为非线性负阻元件。

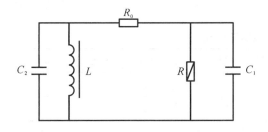

图 1-5-2　非线性电路原理图　　　　　　　　　　**图 1-5-3　非线性元件伏安特性**

3. 有源非线性负阻元件的实现

对有源非线性负阻元件实现的方法有多种,这里使用的是一种较简单的电路:采用两个运算放大器(一个双运算放大器 TL082)和六个配置电阻来实现。由于本实验主要研究的是在非线性电路中混沌现象的产生,所以在实验过程中只需要知道它主要是一个非线性负阻元件,所起到的作用是输出电流维持 LC_2 振荡器不断振荡,同时使振动周期产生分岔和混沌等现象即可。

在仪器原理图中加入有源非线性负阻元件后,所得到的实际非线性混沌实验电路如图 1-5-4 所示。

【实验内容与步骤】

(1) 观察相图周期的变化,观察倍周期分岔、阵发混沌、3 倍周期、吸引子(混沌)和双吸引子(混沌)现象。

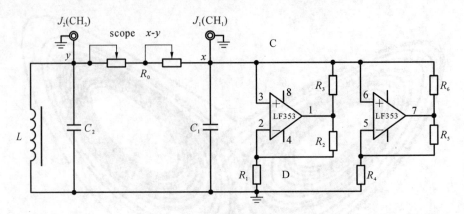

图 1-5-4　非线性电路混沌实验电路

打开仪器和计算机后,运行"非线性电路混沌实验仪"软件,然后调节非线性电路混沌实验电路仪上的 R_1 和 R_2 旋钮,将 R_1、R_2 电阻值略微减小,之后点击"非线性电路混沌实验仪"软件的"开始采集"按钮,并观察记录采集到的相图。将一个环形相图的周期定为 P,那么,要求观测并记录 $2P$、$4P$、阵发混沌、$3P$、单吸引子(混沌)、双吸引子(混沌)共六个相图和相应的 CH1-地和 CH2-地两个输出波形。

(2) 测量非线性单元电路的伏安特性(选做内容)。

先把电路板右边的非线性电阻元件与 RC 移相器连线断开,然后在非线性电阻元件两端接上一个电阻箱 R。由于仪器中使用的非线性电阻是有源电阻,所以此时在电路中会存在电流。利用安培表可以测出流过非线性电阻元件的电流,利用伏特表可以测出非线性电阻元件两端具有的电压值。要求在电路连接完毕后,改变电阻箱 R 的阻值大小,测量非线性单元电路的伏安特性。

实验数据记录表格如表 1-5-2 所示。

表 1-5-2　I、U 数据记录表

序号	电压/V	电流/mA	序号	电压/V	电流/mA	序号	电压/V	电流/mA
1			6			11		
2			7			12		
3			8			13		
4			9			14		
5			10			15		

【实验报告要求】

(1) 阐述实验目的、基本仪器、基本原理、实验步骤。

(2) 将观察到的相图贴到数据处理内容中,然后请自行查阅相关资料,并在实验报告中阐述倍周期分岔、混沌、吸引子等概念的物理含义。

(3) 根据表 1-5-2 中所记录的数据,作出 I-U 关系图。

【实验注意事项】

(1) 有源非线性负阻的双运算放大器的正负极不能接反,线路中的接地线必须接触良好。

(2) 关掉电源后,才能拆实验板上的接线。

(3) 仪器预热 10 min 以后才开始测数据。

【思考题】

(1) 非线性负阻电路在本次实验中的作用是什么?

(2) 混沌现象在我们日常生活的哪些方面有所体现?

【参考资料】

[1] 顾雁.量子混沌[M].上海:上海科技教育出版社,1996.

[2] 陈忠,盛毅华,等.现代系统科学学[M].上海:上海科学技术文献出版社,2005.

[3] 林鸿溢,李映雪,等.分形论——奇异性探索[M].北京:北京理工大学出版社,1992.

[4] 史水娥,裴东.非线性 RLC 串联电路中混沌现象的研究[J].国外电子元器件,2008,
10(11):41-45.

知识拓展

混沌实例:太阳系中的混沌

　　一直以来,太阳系的稳定性都是天文学的热门课题。在 20 世纪前的观测都表明,在可以预见的很长一段时间内太阳系内的行星不会发生相互碰撞或改变轨道,太阳系的运动是一种稳定的运动。但近期的研究发现,在太阳系中存在着轨道共振的现象。太阳系的共振往往又与混沌现象有着密切的联系。或许正是混沌现象的存在,才导致了太阳系行星和太阳系小行星带的科克伍德间隙(Kirkwood Gaps)形成,甚至有可能在几十亿年后让行星轨道最终趋向混沌,不再有规律地绕着太阳运行。

　　天文学中已经发现在火星轨道和木星轨道之间存在着小行星带。太阳系中的小行星大部分位于这个带中。经过观测后,可以发现行星数目随轨道周期变化的分布图存在有四处明显的间隙。这些周期间隙与木星轨道周期 11.9 年之比为简单的分数 1/3,2/5,3/7,1/2。这些间隙最早是由科克伍德(Daniel Kirkwood)在 1857 年发现的,所以称为科克伍德间隙。

　　周期比为分数表明存在着一种共振现象。根据共振重叠判据可以说明共振区内存在着混沌行为。在观察到科克伍德间隙后很长一段时间内,科学家都没能发现它的产生原因。直至 1970 年末,魏斯登(Jack Wisdom)运用数值模型解释了科克伍德间隙的大部分成因:在行星的共振区域内,小行星可以数十万年内保持着正常的轨道,偏心率在 10% 内振动。然后在某个很短的时间内,其轨道可以发生大幅偏离,变成非常规的椭圆,偏心率突然变化到 35%。这足以使小行星脱离小行星带。这就是科克伍德间隙的形成原因。

　　混沌也可能是太阳系行星形成的关键因素。太阳系的前身是一团巨大的星云。星云在 40 多亿年前在自身的万有引力作用下开始向内收缩,变为圆盘形状。在圆盘状星云内的物质慢慢进行集合累加,最终演化成为现在的木星、火星、地球等天体。相关的数值模拟显示在太阳系行星的形成初期,混沌改变了部分微小物质的轨道,增加了演化成为行星的概率。

　　天文学中还有一个比较受公众关心的问题就是关于太阳系各行星的运行轨道是否会发生改变。法国的研究人员使用计算机数字模拟技术,对未来 50 亿年太阳系星球轨道不稳定性进行了模拟实验。由实验结果分析发现,在数亿年内,地球会保持现有的近正圆形、低倾斜度的轨道,但进入更长时间段后,轨道有可能会出现重大变化并致使地球与金星、火星等相撞,从而引发太阳系混乱。不过,这种混乱出现的概率极低,且在 35 亿年内不会发生。

实验 1-6　　高温超导转变温度的测定

超导现象是指在温度和磁场都小于一定数值的情况下,许多导电材料的电阻和材料内部磁感应强度会突然变为零的现象。通常把具有超导性质的物体称为超导体。

1911 年,荷兰物理学家昂纳斯(Onnes)为了研究在极低温度下金属的电阻特性,用液氦恒温槽对汞进行了冷却,发现汞在温度达到 4.173 K 以下时会出现电阻消失的现象。昂纳斯根据这一现象所具有的特殊电学性质,将其命名为超导。超导现象自从被发现后,始终是引起科学家强烈兴趣的主题之一。现已知道,许多金属(如 Sn、Al、Pb、Ta、Nb 等)、合金(如 Nb-Zr、Nb-Ti 等)和化合物(如 Nb_3Sn、Nb_3Al 等)都是具有超导性的材料。超导体所具有的得天独厚的特性,使它可能在各种领域得到广泛的应用。例如在节能、环保和高效等多方面,利用超导体的无电阻特点,可以为整个世界带来巨大的经济效益。超导体现正在逐步用在加速器、发电机、电缆、储能器和交通运输设备甚至是计算机制造方面。1962 年发现了超导体所特有的超导隧道效应(又称约瑟夫逊效应),现已用于制造高精度的磁强计、电压标准、微波探测器等。近年来,中国、美国、日本在提高超导材料的转变温度上都取得了很大的进展。1987 年研制出 YBaCuO 体材料,其转变温度达到 90~100 K,零电阻温度达 78 K。也就是说,过去必须在昂贵的液氦温度下才能获得超导性,而现在已能在廉价的液氮温度下获得。1988 年又研制出 CaSrBiCuO 体和 CaSrTlCuO 体,使转变温度提高到 114~115 K。进入 21 世纪以来,超导方面的工作正在突飞猛进。

【实验目的】

(1) 了解 FD-TX-RT-Ⅱ高温超导转变温度测定仪的结构及使用方法。

(2) 利用 FD-TX-RT-Ⅱ高温超导转变温度测定仪,测量高温超导体氧化物 YBaCuO 的超导临界温度。

【实验仪器】

FD-TX-RT-Ⅱ高温超导转变温度测定仪、低温液氮杜瓦瓶、实验探棒和前级放大器、计算机。

【实验原理】

1. 超导现象和超导体

从目前的研究结果来看,超导现象总是在远比常温低很多的条件下出现。科学家把材料内出现超导现象时的温度称为临界温度。显然,临界温度越接近常温,那么超导材料也就越具有实用价值,于是在发现了超导现象后,世界各国的科研大军又开始致力于研制高临界温度的超导材料。

在研究中,超导体的分类并没有唯一标准。可以按超导体的物理性质或超导相变温度来进行分类。

1) 按物理性质分类

以物理性质为依据,超导体可分为两类:第一类超导体(又称为 Pippard 超导体或软超导体)和第二类超导体(又称 London 超导体或硬超导体)。在已发现的超导元素中只有钒、铌和锝属第二类超导体,其他元素均为第一类超导体。但大多数超导合金则属于第二类超导体。这两类超导体的区别在于,第一类超导体只存在一个临界磁场 H_c,当外磁场 $H < H_c$ 时,呈现完全抗磁性,此时超导体排斥磁场,具有完全抗磁性,体内磁感应强度处处为零。第二类超导

体则具有两个临界磁场,分别用 H_{c1}(下临界磁场)和 H_{c2}(上临界磁场)表示。当外磁场 $H<H_{c1}$ 时,具有完全抗磁性,此时第二类超导体与第一类超导体性质一样具有完全抗磁性,体内磁感应强度为零。当外磁场 H 满足 $H_{c1}<H<H_{c2}$ 时,超导态和正常态同时并存,磁感线可通过材料内的正常态区域。这种状态称为混合态或涡旋态。只有当磁场增大至大于 H_{c2} 时,第二类超导体内部的混合态才会被完全破坏,整个材料转化为正常导体。

2)按超导临界温度来分类

以临界温度为标准,超导体可分为高温超导体(临界温度高于 77 K)和低温超导体(临界温度低于 77 K)两类。由于一般的低温超导体只有在接近热力学温度零度时才变为超导态,所以在其实际应用上会遇到制冷等问题的障碍。为了寻找具有较高临界温度的超导体,科学家们进行了大量的研究探索。

1986 年,高温超导体的研究取得了重大的突破。一些金属氧化物陶瓷材料被发现在相对高温下也可以进入超导态。铜氧化物超导体及钇-钡-铜-氧化物(YBCO)都是典型的高温超导材料。高温超导方面的突破,使得科学家们可以用液态氮代替液态氦作超导制冷剂来获得超导体。氮是空气的主要成分,使用液氮做制冷剂具有制备方便、制冷效率高、制备成本低等优点。因此,现有的高温超导体虽然还必须用液氮冷却,但却被认为是 20 世纪科学史上最伟大的发现之一。随着高温超导体的不断发现,超导技术得以走向大规模的开发应用。

2. 超导体的特性

1)超导电性

超导体的超导电性是通过其在低温下的零电阻性质来实现的。在发现超导现象之前,科学家已经预计到金属导体的电阻会随着温度降低而逐渐减小。实验发现,对于一些常见金属如 Au、Ag 和 Cu 等,即使在接近热力学温度零度的环境下,仍然保有最低的电阻值。而对于超导体来说,当达到"临界温度"时,其电阻值会突然骤降为零(直到目前为止,所有的精密仪器也没有测出超导体的电阻率,仅给出了一个电阻率的上限:即使超导体存在电阻,也不大于 $10^{-25}\ \Omega \cdot m^{-1}$)。汞和一般导体的低温电阻变化曲线如图 1-6-1 所示。

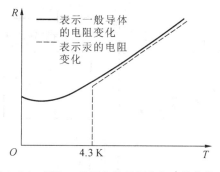

图 1-6-1　汞和一般导体的低温电阻变化曲线

2)完全抗磁性

1933 年超导体被发现具有排斥磁场的性质,即当超导体处于超导状态时,超导体内部磁场为零。这一性质称为迈斯纳(Meissner)效应,处于这种效应的状态称迈斯纳态。迈斯纳效应表明超导体具有完全抗磁性。实验证明,无论是对导体先降温后加磁场,还是先加磁场后降温,只要导体进入了超导态,外磁场都将由于超导体所具有的完全抗磁性而无法存在于超导体内部。严格来说,完全抗磁性是超导体的更本质的特性。

出现迈斯纳效应的原因在于,当超导体处于超导态时,在外磁场的作用下,在其表面会产生一个无阻感应电流,该电流所产生的逆向磁场恰恰与外磁场大小相等方向相反,因而在超导体内合磁感应强度 $B=0$。由于无阻感应电流对外磁场起到了屏蔽的作用,所以把它称为抗磁性屏蔽电流。迈斯纳效应是实验上判定一个材料是否为超导体的重要判据之一。

在实际应用中,利用迈斯纳效应,可以实现常规手段所无法达到的效果,如图 1-6-2 所示,就是利用迈斯纳效应实现的物体的悬浮。在超导体排斥外磁场时,由于外磁场发生了畸变,所以会产生向上的浮力,从而产生物体悬浮的效果。

【实验仪器】

整个超导实验仪的装置示意图如图 1-6-3 所示。

图 1-6-2　利用迈斯纳效应实现的物体悬浮效果

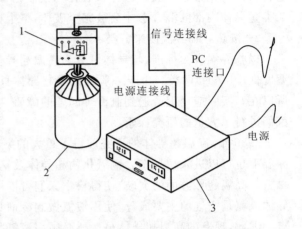

图 1-6-3　超导实验仪的装置示意图

1—实验探棒和前级放大器;2—低温液氮杜瓦瓶
(本仪器配套提供);3—测量仪主机

图 1-6-3 中的测量仪主机面板如图 1-6-4 所示。

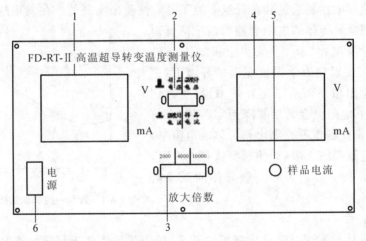

图 1-6-4　测量仪主机面板图

在测量仪主机面板图中,数字电压表 1 可以显示温度计电流和经放大后的样品电压值。当数字电压表 1 显示电压值时,需将读数除以对应的放大倍数(放大倍数可以通过切换开关 3 进行改变),才能得到样品上的原始电压值。数字电压表 4 则可以显示样品电流和经放大后的温度计电压值。当数字电压表 4 显示电压值时,同样也需要除以放大倍数,才能得到真实值。当得到真实的温度计电压值后,可以用查温度计 V-T 表的方法,得出当时温度计所处环境的温度值。旋钮 5 称为样品电流调节电位器旋钮,可以用来对通过样品的电流值进行调节,可调范围为 1.5~33 mA。

【实验内容与步骤】

1. 使用计算机进行样品临界温度的自动测量

将测量仪主机与计算机连接,使用与仪器配套的专用软件可实时记录样品的超导转变曲线,直观记录超导转变的全过程,利用计算机进行数据记录。

(1) 先将样品用导热胶粘放在样品架中,焊接四引线。

(2) 将放大器上的航空头分别接到主机上对应的航空插座上。

(3) 通过连接电缆将仪器与计算机串行口相连。

(4) 打开本软件,选择合适的串行口(Com1 或 Com2)和显示的 y 轴分度值。

(5) 将探棒放入液氮杜瓦瓶中。

(6) 按下计算机窗口的运行键,进行对样品的实时采样。

2. 对样品临界温度进行手动测量

断开测量仪与计算机的连接,然后将样品从液氮中取出,等到温度回升、样品恢复正常状态后再将样品放入液氮中,调节样品电流至 20 mA,然后开始进行手动测量。

手动测量过程中要求每隔 5 s 读取一次主机面板上两数字电压表的显示值(即样品电压和温度计电压),并列表进行记录,直至观测到样品发生超导转变的整个过程。

【实验报告要求】

(1) 阐述实验目的、基本仪器、基本原理、实验步骤。

(2) 对实验内容 1,在利用计算机记录下整个低温超导变化过程后,将图形保存。在图形上找出发生超导转变时的曲线转折位置,并记录用计算机所测量到的样品临界温度。

(3) 对实验内容 2,数据处理时应根据已有数据和温度计 V-T 表,找出对应的样品温度 T 和对应时刻样品的阻值 R,然后用作图纸画出样品的 R-T 曲线,并利用曲线确定样品的超导转变温度。

【实验注意事项】

(1) 超导样品的焊接。本实验样品为 YBa_2CuO_7 材料,样品上的四引线为压铟后引出的涂银铜丝。焊接样品时,不应焊动压铟点处的涂银丝,而应将涂银丝与探棒样品架上铜箔板的四焊接点焊接。焊接可用锡焊且用小的电烙铁头,并使锡焊接点保持亮泽(去除助焊剂)。超导样品的装配图如图 1-6-5 所示,其中 I_s 为样品所需的电流,U_s 为样品的输出电压。

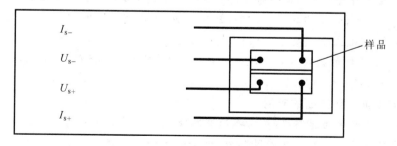

图 1-6-5 超导样品连接线路图

(2) YBa_2CuO_7 材料易吸收空气中的水气使超导性能变坏。为此,每次实验完毕,需将探头吹热(用电吹风)升温去霜后,在接近室温下焊下样品,并立即放入有硅胶干燥剂的密封容器中保存。硅胶需注意保持蓝色,当硅胶颜色逐渐变淡而变成透明时即为失效,需重新加热,驱除所吸收的水分后再用。

（3）超导电阻转变过程的快慢与杜瓦瓶中的液氮多少有关，一般控制液氮液面的高度（离底）为 6～8 cm。其高度可用所附底塑料杆探测估计。

（4）在使用液氮时，由于温度极低，所以在使用过程中请注意安全，不要用手直接触摸被液氮冷却的物品。

【思考题】

（1）对于不同材料，所得到的超导临界温度（转变温度）是否相同？

（2）连接样品时，采用四引线法是出于什么目的？

【参考资料】

[1] 杨天信,谢毅立,等. 我国高温超导技术研究现状[J]. 中国电子科学研究院学报, 2008,3(2):1-4.

[2] 杨公安,蒲永平,等. 超导材料研究进展及其应用[J]. 陶瓷,2009,7(6):13-17.

[3] 邱祥冈,郑东宁,等. 高温超导材料、物理、应用和实验方法研究进展[J]. 物理,2008, 3(2):21-25.

[4] 邓自刚,郑珺,等. 超导体材磁体在高温超导磁悬浮车系统中的两种潜在应用[J]. 稀有金属材料与工程,2008,37(10):38-41.

知识拓展

超导在日常生活中的应用

研究超导的目的在于寻找实际应用。从应用角度看，由于第一类超导体很容易被外磁场影响，实际应用困难较多，所以没有在工业生产中得到规模应用。而对于第二类超导体，由于它能在较强磁场环境下仍然保持其超导特性，所以具有较广阔的应用前景。例如，NbTi、Nb_3Sn 等超导材料的相关产品市场规模已经达到了数十亿欧元，并且超导产品还有利于节省能源消耗，可以达到常规手段无法实现的效果。

1. 超导在电力系统方面的应用

自从高温超导现象被发现以来，如何在电力系统中进行应用，一直都是物理学界的热门课题之一。由于超导材料的零电阻特性，可以完全避免在电能传输中发生能量损耗，提高利用效率，同时还可以显著提高电力设备的运转效率和减小占用空间。国际上认为，超导同步发电机可能会是未来电站的主力。超导发电机与常规发电机相比，具有很多优点：机械与通风损耗小，整个超导发电系统的损耗只是常规发电机的一半，同时还能将发电机体积减至常规发电机的 1/3～1/2，并保持较好的稳定性。

2. 超导在交通运输方面的应用

随着人们生活水平的逐渐提高，对高速公路交通工具的需求也在不断上升。但由于传统铁路车辆在车轮与铁轨之间存在着摩擦力，所以必然会对车辆速度造成限制。而现在出现的磁悬浮列车则可以很好地解决摩擦力的问题，让列车速度再上升一个台阶。利用超导效应，日本科学家设计出一种电动悬挂系统，该系统使用了由液氮冷却的 Ni 等超导物质做成的超导体。利用超导体的排斥力，使轨道与列车之间形成约 10 cm 的空隙，从而实现了摩擦力的消除。测试发现，使用超导悬浮悬挂系统后，列车的最高速度可以达到 517 km/h 的水平，如图 1-6-6 所示。磁悬浮列车与传统列车相比有一系列优点：突破了传统列车的速度限制；无机械

图 1-6-6　日本超导磁悬列车示范线

磨损,维护成本低;系统可靠性高;节省能源;运行噪音小,乘坐舒适等。

　　除此以外,超导还在辐射探测仪、模拟信号处理器、超导磁屏蔽、电压基准、国防军事等方面得到了广泛应用。

拓展阅读2

低温技术简介

在低温状态下,许多物质都具有一些与其在常温状态下不同的独特性质,如光学、电学和磁学等性质会发生很大的变化。如在超低温条件下,物质的特性会出现奇妙的变化:空气变成了液体或固体;生物细胞或组织可以长期储存而不死亡;导体的电阻消失了——超导现象;而磁力线不能穿过超导体——完全抗磁现象;液体氦的黏滞性几乎为零——超流现象,而导热性能甚至比高纯铜还好。

低温技术是研究如何获得物质在低温状态下所具有的独特性质及其应用的一门技术,低温技术不仅与人们当代高质量生活息息相关,而且还与世界上许多尖端科学研究,诸如超导技术、航天与航空技术、高能物理、受控热核聚变、远红外探测、精密电磁计量、生物学和生命科学等密不可分。

1. 低温的概念

人的体温约 37 ℃,水的冰点是 0 ℃,水的沸点是 100 ℃;在我国领土的最北端漠河,冬天最低温度可达 −60 ℃;在 8000 m 高空,气温低至 −80 ℃;而地球南极的冬天气温可低达 −90 ℃。在远离太阳的太空,接收太阳光的热愈少,则温度愈低。月球背阳面的温度约为 −160 ℃,而冥王星的温度约为 −229 ℃。在远离恒星的辽阔无际的超冷区域,大体温度是 −270 ℃。下图是温度与物态图,低温一般是指 150 K 以下的温度。

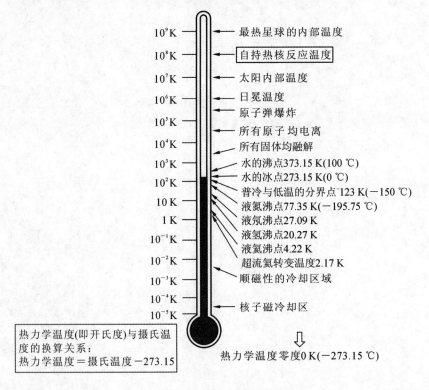

10^9 K	最热星球的内部温度
10^8 K	自持热核反应温度
10^7 K	太阳内部温度
10^6 K	日冕温度
10^5 K	原子弹爆炸
	所有原子均电离
10^4 K	所有固体均融解
10^3 K	水的沸点373.15 K(100 ℃)
10^2 K	水的冰点273.15 K(0 ℃)
	普冷与低温的分界点123 K(−150 ℃)
10 K	液氮沸点77.35 K(−195.75 ℃)
1 K	液氖沸点27.09 K
	液氢沸点20.27 K
10^{-1} K	液氦沸点4.22 K
10^{-2} K	超流氦转变温度2.17 K
10^{-3} K	顺磁性的冷却区域
10^{-4} K	核子磁冷却区
10^{-5} K	

热力学温度(即开氏度)与摄氏温度的换算关系:
热力学温度 = 摄氏温度 −273.15

⇩

热力学温度零度0 K(−273.15 ℃)

随着温度降低,室温时的气态物质可以转化成液态或固态。当温度低于临界温度时出现超导电性(即零电阻现象)和完全抗磁性(把磁力线完全排除物体外现象)。液氦温度低于 −271 ℃时还出现超流现象,液体的黏滞度几乎为零。在自然界,运动是物质存在的形式,运动是物质的固有属性,要使物质的热运动完全停止是办不到的,所以热力学温度零度是达不到的,但人们可以不断地接近热力学温度零度。有报道说,最低的温度记录已达 3.3×10^{-8} K。

2. 低温的获得

1) 低温制冷机制冷

现代的制冷技术最普遍的方法是消耗机械功来制冷。G-M 制冷机和索尔文制冷机是常用制冷机,它们的工作原理相同,都是通过气体的绝热放气膨胀来制冷。

2) 低温液体和杜瓦瓶

实验室中常通过低温液体来获得低温。实验中常用的低温液体有液氮和液氦。由于液氦十分昂贵,所以一般只用于封闭式的循环制冷系统中。低温液体的特点是它们的沸点很低。当压强为一个标准大气压时,液氮的沸点约为 77.3 K,液氦的沸点为 4.2 K。把需要冷却的系统浸入低温液体中,利用低温液体气化吸热,可使系统温度降低。

在低温物理实验中,低温流体常用杜瓦瓶盛装。杜瓦瓶是带有真空夹层的容器,夹层的高真空状态,使得容器的传导和对流大大减少,提高了容器的绝热性能。

3) 其他制冷方法

科学技术的发展促使了其他制冷方法的出现,诸如半导体温差制冷、涡流管制冷、吸收式制冷、脉冲管制冷、太阳能光-电转换制冷和光-热转换制冷,等等;在极低温领域还有 ^{3}He-^{4}He 的稀释制冷(可达到 10^{-3} K)、顺磁盐绝热去磁制冷(可达到 10^{-3} K)和核去磁制冷(可达到 $10^{-8} \sim 10^{-6}$ K 低温)等方法。

3. 低温特性的应用

冷冻方法可以长期保存食物,城市需要冷库,家庭拥有冰箱,空调设备使人们在炎热夏天变得舒适……对大多数人已不陌生,这些都属于普冷技术范畴。低温技术是指温度低于 -150 K 的技术。低温技术在科学研究、能源研究、航空与航天技术、工业与交通运输、低温真空技术及低温超导电子学等方面都有广泛的应用。

(1) 低温物理学是涉及低温学现象和相关物理学研究的一门学科,是一门获 15 项以上诺贝尔奖的年轻学科,如人们比较熟悉的有范德瓦尔斯(真实气体定律提出者),卡曼林-昂内斯(氦液化和超导电性发现者),巴丁、库柏、施瑞弗(提出超导电性 BCS 理论),约瑟夫逊(发现超导隧道效应者)和李政道、杨振宁等人所获诺贝尔奖的成果都与低温技术有关。

(2) 在能源技术领域超导磁体和超导技术还有更广泛的用途,如超导电动机和超导发电机、超导电感电力储能、超导变压器、超导电力传输线,上述超导电力工程应用是利用超导的零电阻特性来提高效率的。天然气是当前的主要能源之一,当它降温至 -162 ℃ 时变成液体,体积将缩小到原体积的 1/640,从而便于运输,大型运输液化天然气的船舶可装运 125000 m³(5 万吨级)天然气。天然气的液化、液化天然气的储存和运输可谓是大型低温工程。

(3) 航空与航天技术中,液氧和液氢常常作为推进火箭使用的燃料,装液态燃料容器的重量比起用压力容器装同等质量的气体方法要减轻许多。

(4) 气体工业是利用低温技术分离气体的,它的原料可以是空气、天然气、焦炉气或者石油液化气,其产品是工业生产或科研需要的各种纯度氮气、氧气、氩气、烷烃气体、烯烃气体、氦气和其他稀有气体。

(5) 超导与低温技术在交通运输方面也大有用武之地,时速可超过 500 km/h 的超导磁悬浮列车在日本、美国和德国等国家都进行了大量的研究和试验。

(6) 利用低温获得高真空是十分有效的技术,当温度降到 -260 ℃ 以下时,除氦以外的其他气体都凝结成固体,因此低温泵是抽速非常高的泵,可高达 $10^3 \sim 10^4$ m³/s,而且又非常清洁。低温真空技术不仅在宇宙环境模拟和核聚变研究中发挥重要作用,而且在微电子器件制造、冷冻干燥和真空冶金等方面也获得了广泛的应用。

第 2 章　定性与半定量实验

在物理实验教学中适当加入定性与半定量实验,有利于培养学生分析问题与解决问题的能力,增强科学洞察力与判断力,激发他们的求知欲与创新精神,提高其科学素质。

2.1　在物理实验课程中引入定性与半定量实验教学的必要性与可行性

1. 在物理实验课程中引入定性与半定量实验教学的必要性

物理学是一门高度量化的学科,许多物理实验都离不开测量,有些还需要十分精确的测量。物理实验中已能达到的定量测量的精度极高,如里德伯常量 R_{∞} 的测量结果已达到 13 位有效数字(相对不确定度达 8×10^{-12})。但是,并不是所有物理实验都必须达到很高的精度。不同的实验目的要求不同的精度,不应盲目追求高精度。实际上,不少物理实验是定性的或半定量的,即只要求看到明确的物理现象,或只要求很少的有效数字(例如,1 位或 2 位有效数字)就够了。这种实验虽然看似简单,但意义却十分深刻。历史上许多关键性的实验恰恰正是这种定性或半定量的实验。例如,伽利略为推翻亚里士多德关于"物体下落速度与其重量成正比"的学说而进行的比萨斜塔实验,堪称定性实验的典范。这个实验不必精确测量 2 个质量不同的球的下落速度,只要看到两球几乎同时落地就可以了。为了证明"光是一种波动"的学说,阿喇果设计了观察圆盘阴影中心有亮点(称为"泊松亮点")的著名实验,有力地支持了菲涅耳的"波动说"。当然,这也是一个典型的定性实验,不必精确测量阴影中的光强分布,只要看到阴影中心确有亮点就足以令菲涅耳的波动说最终战胜牛顿的微粒说。法拉第开始研究的电磁感应实验也是定性的实验,他将一个铜盘的轴和铜盘的边缘分别连在电流计的两端,摇动手柄使铜盘在马蹄形磁铁的磁极间转动,电流计的指针随之摆动,这就是最早的发电机。这虽然只是一个定性实验,但实验提示出的电磁感应现象却是电磁学中最重大的发现之一。它显示了电、磁现象之间的相互联系和转化,对其本质的深入研究所揭示的电、磁场之间的联系,对麦克斯韦电磁场理论的建立具有重大意义,也为人类社会进入电气时代奠定了基础。著名的迈克耳逊-莫雷实验则是一个半定量实验,其测量精度并不高,结果却因否定了"以太"的存在而成了相对论的重要实验基础。

定性或半定量实验是极其重要的,是具有战略性意义的,它能以较小的代价获取重要的结果。物理学家在进行探索性的实验研究中,往往都是先从定性或半定量实验入手的,如果在一个简单的定性实验中已看到肯定的定性结果,就有成功的希望,则可以着手进行更深入、更精确的实验;如果在定性实验中已得到否定的结果,则更精确、复杂的定量实验就往往只是浪费时间、金钱与精力。从某种意义上说,定性或半定量实验相当于粗调,定量实验相当于微调,而实验总是应该先粗调后微调的。因此,学习设计和进行定性或半定量实验,是实验教学中不可缺少的环节,是思维能力的训练,是素质教育的重要内容。

但是在以往的物理实验教学中,很少有这种类型的实验让学生做,以致有些学生误认为物理实验就是大量的测量和严格的数据处理。他们往往只记录数据,不记录现象,只注重误差分析而忽略了对物理现象的分析。这是不利于学生科学素质的全面提高的。为了培养学生成观察自然现象的科学方法,培养学生发现问题、分析问题和解决问题的能力,增强学生的科学洞察力和判断力,激发学生的求知欲望和创新精神,在基础物理实验中适当加入定性与半定量实验,是完全必要的。

2. 在物理实验课程中引入定性与半定量实验教学的可行性

在基础物理实验教学中,加入一些定性与半定量的实验是可行的。定性与半定量实验可从以下几方面来获得。

1) 移植演示实验

目前各高校都有相当数量的演示实验,一般都有较深刻的物理内涵,其中一部分经过移植,就可以变成让学生做的定性与半定量实验。例如,辉光球实验就是一个简单的定性实验,可通过该实验观察低压气体在高频强电场中产生辉光的放电现象,探究辉光放电原理和气体分子激发、碰撞、复合的物理过程。又如,激光在钢尺上反射得到许多衍射光的演示实验,十分清晰地表明反射定律是有条件的,当反射面上有规则的刻痕时,就可能出现反射角不等于入射角的情况,并可显示若干级次的衍射条纹。这个实验作为物理理论课的演示实验时,可以用功率较大的氦氖激光在大教室里做;而作为物理实验中的定性、半定量实验时,我们可以把它改为用小功率的半导体激光器在实验桌上做。让学生观察激光以各种入射角在钢尺各部分反射的情况,看到当入射角足够大而刻线足够密时,反射光斑会分裂为许多独立的光点,使学生对衍射现象及其产生的条件有很直观的了解。通过测量这些光点间的距离等,就可以算出激光的波长。虽然这并不是一个测量光波长的好方法,测量精度也不高,但其方法与工具都非常简单,物理概念又相当清晰,测量结果也很可靠。这对于训练学生观察与分析物理现象的能力,加深对物理光学的理解,都十分有利。这一类实验很多,如磁悬浮实验、陀螺仪实验、受迫振动与共振实验、浮水硬币实验、进动实验、尖端放电实验、动量守恒定律验证实验、驻波实验、激光监听实验、电磁感应实验、电磁驱动实验、旋转磁场实验等。

2) 改造原有实验

一些以测量为主的实验,只要在实验要求上作适当改造,就可以成为有丰富定性与半定量内容的新实验。例如,用迈克耳逊干涉仪测波长是一个典型的以测量为主的实验,通过测量移动 350 个条纹时反射镜的移动距离,来计算出激光的波长,测量精度较高,结果可达 4 位有效数字,但内容相当枯燥,学生常读得头昏眼花,而实验的收获却并不大。我们可以改造一下,把实验要求改变为只测移动 50 个条纹时反射镜的移动,有效数字少了 1 位,但测量方法仍然学会了,省下的时间可增加定性实验内容,如要求学生比较激光条纹与汞灯条纹的异同、圆条纹与直条纹的异同、从圆条纹的涌出与缩进判断两反射镜的相对位置,甚至要求学生取下近视眼镜(或带上远视眼镜)去观察汞灯圆条纹,以判断条纹的定域等,使实验的物理内涵丰富了,把学生的注意力从单纯追求测准波长转引到对迈克耳逊干涉仪设计原理的了解和对各种干涉的本质与特点等方面的认识,充实了这个传统基础实验的定性与半定量的内容。再如,把用分光计测三棱镜折射率实验的汞灯光源改为白光光源,观察白光的折射光谱等。类似的内容有:电子荷质比 e/m 的测量实验、光通信及互感实验、单丝单缝衍射实验、用频闪法测转速实验等。

3) 引进国外设备

国外仪器设备中注意定性与半定量的内容较多,有些是值得引进的。例如,德国莱宝公司的夫兰克-赫兹实验仪与国内同类仪器的主要差别就在于它们的管子比较大,并且是充氖的(而不是充氩或汞的)。当电压加高时,随着电子能量的增加,氖在阳极附近被激发而发出美丽的红光,这种红光由于电压的进一步升高而向阴极移动,阳极又呈暗态;电压再加高时,在阳极附近再次发光并可在管中看到 2 片红光;电压又加高时,又看到 3 片红光……学生不仅在测量电流时可测出一个接一个的峰值,而且可同时观察到一片又一片的红光。此时可增加定性的实验内容:让学生讨论红光与激发态的关系、红光的宽度和亮度与电压的关系等。这就使原来十分典型的定量实验充实了丰富的定性的内容,学生的兴趣也大大提高了。

4) 研制新型仪器

除了以上这些方法外,我们还设计研制了一些新仪器,用于定性与半定量实验。教师可根据自己的教学实践总结经验,设计研制一些简单而富有物理思想的设备进行定性实验,验证一些重要的物理定律等。

3. 定性与半定量物理实验的教学效果

通过定性与半定量实验的教学,可获得以下的实验效果。

1) 培养学生学习物理学的兴趣

与测量性实验相比,学生更感兴趣的实验是定性与半定量实验,因为这类实验能消除学生在学习物理学中因抽象、枯燥而产生的畏难、厌烦的心理,激发学生学习物理学的兴趣。

2) 提高学生实验学习的积极性

因为定性与半定量实验有利于训练学生在实践中发现问题、分析问题和解决问题的能力,增强科学洞察力和判断力,培养创新意识和创造能力,养成追根溯源、一丝不苟和实事求是的基本科学素质,这对于学生现在乃至将来的学习和工作无疑会有莫大的帮助。有趣、好奇、实用,能有效地提高学生实验学习的积极性。

3) 能开发学生的创造力

定性与半定量实验教学过程使学生处于一种探索、发现的学习过程。好奇、兴奋能激发学生的思维,可充分培养学生的创新意识,开发学生的创造力。

实践表明,在普通物理实验教学中,适当加入定性与半定量实验的内容很有必要,也是完全可行的,它应该成为物理实验教学内容改革的一个重要方面。

2.2　定性与半定量物理实验项目

下面是一些定性与半定量的物理实验项目,更多及新增的项目会及时在物理实验课程网站上更新。

实验 2-1　受迫振动与共振实验研究

共振是指一个物理系统在其自然的振动频率(所谓的共振频率)下趋于从周围环境吸收更多能量的趋势。自然界存在着许多共振的现象。人类也常常在其技术中利用或者试图避免共振现象。一些共振的例子有:乐器的音响共振、太阳系中一些类木行星的卫星之间的轨道共振、动物耳中基底膜的共振、电路的共振等。

【实验目的】

观察弹性金属片在周期性外力作用下所做的受迫振动;了解产生共振的条件。

【实验仪器】

实验装置如图 2-1-1 所示,几个长度不等的弹性金属片固定在一根金属支架上,支架的一端固定一偏心电动机,电动机的转速可以通过调节电源的输出电压来控制。偏心电动机转动时,可带动金属支架和固定在支架上的弹性金属片振动。

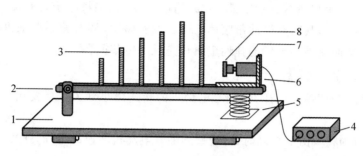

图 2-1-1 仪器示意图

1—底座;2—支架;3—金属片;4—电源;
5—弹簧;6—电动机支架;7—电动机;8—偏心轮

【实验原理】

在实际的振动系统中,阻尼总是客观存在的。要使振动持续不断地进行,需对系统施加周期性外力。系统在周期性外力作用下所产生的振动,称为受迫振动。设驱动力角频率为 ω,受迫振动系统的固有角频率为 ω_0,阻尼系数为 δ,求解受迫振动方程可得系统受迫振动的振幅为

$$A = \frac{A_0}{\sqrt{(\omega_0^2 - \omega^2)^2 + (2\delta\omega)^2}} \tag{2-1-1}$$

式中,A_0 与驱动力的振幅成正比。

从能量的角度看,当受迫振动达到稳定后,周期性外力在一个周期内对振动系统做功而提供能量,恰好用来补偿系统在一个周期内克服阻力做功所消耗的能量,因而使受迫振动的振幅保持稳定不变。

从式(2-1-1)可以看出,稳定状态下受迫振动的一个重要特点是:振幅 A 的大小与驱动力的角频率 ω 有很大的关系。图 2-1-2 是对应于不同 δ 值的 A-ω 曲线,即在不同阻尼时,振幅 A 随外力的角频率 ω 变化而变化的关系曲线,图中 ω_0 是振动系统的固有角频率。当驱动力的角频率 ω 与固有角频率 ω_0 相差较大时,受迫振动的振幅 A 比较小;而当 ω 接近 ω_0 时,振幅 A 将随之增大;在 ω 为某一定值时,振幅 A 达到最大值。当驱动力的角频率为某一特定值时,受迫振动的振幅达到极大的现象叫做共振。共振时的角频率叫做共振角频率,以 ω_r 表示。

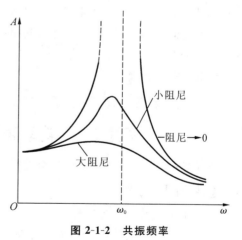

图 2-1-2 共振频率

令 $\dfrac{\mathrm{d}}{\mathrm{d}\omega}[(\omega_0^2 - \omega^2)^2 + (2\delta\omega)^2] = 0$,可求得共振发生的条件为

$$\omega_r = \sqrt{\omega_0^2 - 2\delta^2} \tag{2-1-2}$$

因此,系统的共振频率是由固有频率 ω_0 和阻尼系数 δ 决定的,将式(2-1-2)代入式(2-1-1),可得共

振时的振幅为

$$A_r = \frac{A_0}{2\delta \sqrt{\omega_0^2 - \delta^2}}$$
(2-1-3)

由上两式可知,阻尼系数越小,共振角频率 ω_r 越接近于系统的固有角频率 ω_0,同时共振的振幅 A_r 也越大,若阻尼系数趋近于零,则 ω_r 趋近于 ω_0,振幅将趋于无限大。

不同长度的金属片,其固有振动角频率不同。本实验中,调节偏心电动机的转速,就可改变驱动力的频率,从而使不同长度的弹性金属片先后产生共振。

【实验内容与步骤】

(1) 接通电源,调节输出电压,使偏心电动机的转速由小到大缓慢变化,由此引起金属支架产生受迫振动。

(2) 当强迫力的频率由低变高时,可观察到随着电动机转速的增加,弹性金属片逐个出现振幅最大的共振现象。

【实验报告要求】

(1) 写明本实验的目的和意义。

(2) 阐明实验的基本原理、设计思路。

(3) 记录实验的全过程包括实验的步骤、实验图示、实验现象等。

(4) 分析实验现象,讨论实验中出现的各种问题。

(5) 说明共振有哪些具体应用。

【实验注意事项】

电源输出电压要从小到大逐渐调节,切勿调得过大,以免电动机转速过快而引起强烈的受迫振动和共振,造成实验装置的损坏。

【思考题】

(1) 弹性金属片的长度与其共振频率的大小有什么关系? 本实验中,当由低到高调节电动机转速时,你将最先看到哪根金属片发生共振?

(2) 任何事物都是一分为二的,共振可以为人类所利用,但有时也会带来不小的危害。共振的危害有哪些? 如何避免共振?

【参考资料】

[1] 马文蔚,等. 物理学(下册)[M]. 5 版. 北京:高等教育出版社,2006.

实验 2-2　转动液体内部压强分布实验研究

在旋转的参照系中静止的物体会受到一个远离旋转轴的力的作用,这个力称为惯性离心力。

【实验目的】

(1) 了解惯性离心力的概念。

(2) 了解转动液体内部压强的分布。

(3) 观察与分析小球的离心运动。

【实验仪器】

如图 2-2-1 所示,在转盘上固定一个 V 形玻璃管,管内装有水,水中有两个小球,其中一个球的密度大于水,另一个球的密度小于水,管的两端用塞子塞紧。由遥控器控制电机带动转盘和玻璃管一起转动,由调压变压器控制电机转速。

【实验原理】

本实验利用密度分别大于和小于水的两个小球在旋转透明玻璃管中的上升和下降,来显示转动系统中液体内部压强的变化及小球所受到的离心力。

图 2-2-1　仪器示意图

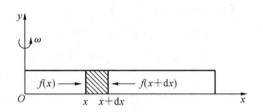

图 2-2-2　液体压强分析图

如图 2-2-2 所示,为方便起见,设玻璃管水平放置,管的截面积为 S,管内充满密度为 ρ_0 的液体,玻璃管可绕其一端以角速度 ω 转动。在坐标 x 处取长为 $\mathrm{d}x$ 的一小段液柱,其质量为 $\mathrm{d}m = \rho_0 S \mathrm{d}x$,该液柱左右两边的液体对它的作用力分别为 $f(x)$ 和 $f(x+\mathrm{d}x)$。由于液柱作角速度为 ω 的圆周运动,有

$$f(x+\mathrm{d}x) - f(x) = \mathrm{d}m \cdot \omega^2 x = \rho_0 S \omega^2 x \mathrm{d}x \tag{2-2-1}$$

由式(2-2-1)解得

$$f(x) = \frac{1}{2}\rho_0 S \omega^2 x^2 \tag{2-2-2}$$

液体内部距转轴 x 处的压强为

$$p(x) = \frac{f(x)}{S} = \frac{1}{2}\rho_0 \omega^2 x^2 \tag{2-2-3}$$

由上式可见,管内离转轴越远的地方,液体的压强越大。

如果将一个长为 l、截面积为 S、密度为 ρ 的物体放入管中坐标为 x 的地方,则它受到的合力为

$$
\begin{aligned}
F &= \frac{1}{2}\rho S \omega^2 \left[(x+l)^2 - x^2\right] - \frac{1}{2}\rho_0 S \omega^2 \left[(x+l)^2 - x^2\right] \\
&= \frac{1}{2}(\rho - \rho_0) S \omega^2 \left[(x+l)^2 - x^2\right] \tag{2-2-4}
\end{aligned}
$$

式(2-2-4)为物体本身由于绕轴旋转而受到的惯性离心力及管内液体作用在物体两端压力的合力。由式(2-2-4)可得出以下结论。

① 当 $\rho > \rho_0$ 时,$F > 0$,物体在绕轴旋转的同时,将沿 x 轴正方向运动而远离转轴。

② 当 $\rho < \rho_0$ 时,$F < 0$,物体在绕轴旋转的同时,将沿 x 轴负方向运动而靠近转轴。

③ 当 $\rho = \rho_0$ 时,$F = 0$,物体将稳定地在坐标为 x 的位置绕轴旋转。

本实验装置中的玻璃管不是水平放置的,为方便向管内灌入液体,将管子设计成两端上翘的 V 形。放入玻璃管的物体为两个小球,其中一个球的密度大于水,另一个球的密度小于水。小球在管内绕轴转动时的受力分析及运动情况与管子水平放置时类似,但略有不同,请同学们自己分析。

【实验内容与步骤】

(1) V 形玻璃管内灌入适量的水,管的两端用塞子塞紧。转盘静止时,可观察到重球位于

透明玻璃管的底部,而轻球浮在玻璃管的水平液面上。

(2) 接通电源,按动遥控器,使电机带动转盘转动,转速由小到大,观察重球和轻球的运动。发现重球逐渐上升,浮到水面上;而轻球逐渐下降,落到管的底部。

(3) 当重球浮到水面上后,断开电源,继续观察重球和轻球的运动。发现随着转盘转速的逐渐减慢,重球向下回落,落至管的底部;而轻球向上浮起,浮至水面上。

【实验报告要求】

(1) 写明本实验的目的和意义。

(2) 阐明实验的基本原理、设计思路。

(3) 记录实验的全过程,包括实验步骤、实验图示、实验现象等。

(4) 分析实验现象,讨论实验中出现的各种问题。

【注意事项】

(1) 玻璃管两端的塞子一定要塞紧,否则当管子转动速度较大时,塞子和管中的水会受离心力的作用而从管内喷出。

(2) 转盘的转速不要调得太快,看到管内重球浮到水面即可减速,否则容易造成仪器损坏。

【思考题】

针对本实验装置中的 V 形玻璃管,分析管内小球绕轴转动时的受力,并讨论当小球密度大于或等于或小于液体密度时的运动情况(提示:此时小球除受到式(2-2-4)所表示的力外,还要考虑小球的重力、管壁的压力、液体对它的浮力等的作用)。

【参考资料】

[1] 陈健.物理课程探究性实验[M].南京:东南大学出版社,2007.

实验 2-3　光通信及互感现象

光调制通信(光纤通信)、互感现象广泛地应用于无线电技术、通信、电力工程等领域。本仪器可做有关光、电磁学等几个实验,在物理教学中能获得感性知识,从而加深对物理学上的一些重要概念的理解。两个靠近的线圈,当其中一个线圈的电流发生变化时,会引起另一个闭合线圈的电流变化,这种现象就是互感现象。

【实验目的】

(1) 了解光通信的基本原理及应用。

(2) 了解互感原理及应用。

【实验仪器】

放大器、发光二极管、互感线圈、铁芯、收音机(信号源)、螺旋玻璃棒(模拟光纤)、光电探测器、扬声器。

【实验原理】

1. 光通信

要实现光通信首先要将光进行调制。凡是使光波的振幅、频率、相位三个参量中任何一个参量随外加信号变化而变化的均称为光调制。使光的振幅变化称为调幅或调强。对于本仪器,主要介绍其光波的振幅(光强)随外加信号的变化而变化来控制发光强度,使发光强度按声音的电信号发生变化的功能,这种光调制叫做直接光调制。随着激光技术和光纤的迅速发展,用光调制原理进行光通信已成为现代通信的一门新技术。本仪器为了阐明光通信原理,采用常见的发光二极管代替激光,采用便宜的有机玻璃棒代替昂贵的光纤同样可以进行光通信,由于其通信原理相似,所以同样可达到演示光通信和光纤通信的目的。

用光强度调制进行光通信的实验,其实验原理的示意图如图 2-3-1 所示,用一只光电探测器去接收已被调制的光信号,则能将已调制的光信号还原成声音的电信号,这又叫做解调。如果将这种声音的电信号通过音频功率放大器放大,最后在音频放大器的输出端接上扬声器,就能听到调制光传播的声音,从而达到理解光通信的目的。本实验主要介绍强度调制通信的实验装置和方法。

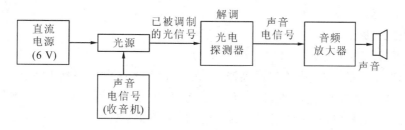

图 2-3-1　光通信实验原理示意图

2. 互感现象

1) 互感现象的产生

如图 2-3-2 所示,A、B 是两个靠近的线圈,当其中的一个线圈的电流发生变化时,在另一个线圈中就会产生电动势,这种现象就是互感现象,产生的电动势称为互感电动势,这样的回路称为互感耦合回路。两线圈之间的耦合程度用互感量 M 描述,Φ 表示磁通量,i 表示线圈中的电流,M 表示互感量,$\mathscr{E}$ 表示电动势,则

$$\Phi_{AB} = Mi_B$$

或

$$\Phi_{BA} = Mi_A$$

$$\mathscr{E}_{AB} = -M\frac{\mathrm{d}i_B}{\mathrm{d}t}$$

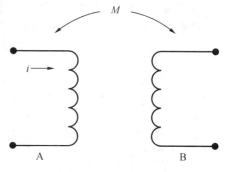

图 2-3-2　互感线圈示意图

或

$$\mathscr{E}_{BA} = -M\frac{\mathrm{d}i_A}{\mathrm{d}t}$$

M 只与两个线圈的形状、大小、匝数、相对位置及周围磁介质的磁导率有关。当一个线圈中的电流随时间的变化率一定时,互感量 M 越大,则在另一个线圈中产生的互感电动势越大;反之,电动势就越小。利用互感现象,不需要用导线连接,可以通过电-磁-电的形式将交变的电信号由一个电路转移到另一个电路。互感现象在电工、电子、无线电技术中得到了广泛的应用。在实际应用中,有些电路要避免互感现象的发生,对这类互感引起的干扰,采用磁屏蔽的方法来避免有害干扰。

互感现象是磁感应中的一个重要现象,互感器在无线技术、电力工程中有着极其广泛的应用。在实际应用中的各种规格的变压器,就是一种互感器件。通过互感线圈可以将一个电信号从初级线圈传递到次级线圈。本仪器可以将一个电信号(例如音乐)从互感线圈的初线圈发送出去,相距初级线圈数米远的互感线圈的次级线圈可以接收到该信号,再通过放大器和扬声器可以将此音乐电信号再转换成音乐的乐曲,即通过互感现象进行无线通信。

2）互感通信

互感线圈可以传递信息(互感无线通信)，在图 2-3-5 中，将 L_2 和功放相连接，L_1 和收音机耳机插口相连接。将 L_1 和 L_2 并排放置并相距数十厘米，我们接通音频功率放大器的电源，适当增大音量输出，从扬声器 Y 中听不到任何音乐的声音。现在我们接通音乐信号发生器电源，尽管 L_1 和 L_2 相距数十厘米，并且彼此并不直接用引线相连接，此时扬声器 Y 却发出悦耳的音乐，这时只要关闭音乐信号发生器 A 的电源，则 Y 立即不发音。由此可见，Y 发出的声音是通过互感线圈 L_1 和 L_2 及音频功率放大器将音乐电信号传递到 Y 的。这样互感线圈能将一个电信号从一个线圈传递到另一个线圈直观、形象地演示出来。这也是简单的无线通信的演示实验。

【实验内容与步骤】

1. 光通信的演示

1）用光强度调制进行光通信的实验

按图 2-3-3 所示的电路，先连接放大器、发光二极管 D、光电探测器 PD、扬声器 Y，并打开电源。调节发光二极管 D、光电探测器 PD 的位置，使发光二极管正对光电探测器。打开收音机电源，搜索一个信号较好、声音清晰悦耳的电台，并将收音机的输出用信号线连接到调制放大器的输入端。仔细调节收音机、放大器的音量电位器，使放大器的输出扬声器 Y 发出清晰的声音。分别改变发光二极管 D、光电探测器 PD 的距离、收音机的音量，扬声器 Y 中的音量将随之改变。在发光二极管 D、光电探测器 PD 之间用障碍物挡住，扬声器 Y 将停止发出声音。由此可见，音频信号经过一系列转换，对光信号进行调制，通过被调制的光信号的传递，最后经过解调电路，扬声器 Y 还原音频信号。

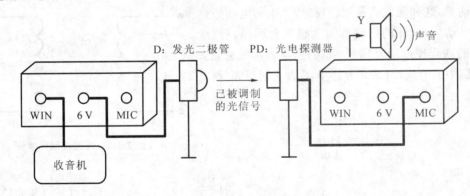

图 2-3-3　光通信实验连线图

2）光纤通信模拟实验

在上述实验中，光是直接照射到光电探测器上来传递信号的，如果光不是直接照射，而是通过光纤传送，利用光在光纤中的全反射原理，同样可以传递信号。由于光纤传输有很多优点，光纤已经普遍应用到现代生活中，如在电话、电视、网络信号的传输及汽车照明等方面，均有广泛应用。

实验装置如图 2-3-4 所示，这只要在图 2-3-3 中串联由有机玻璃棒制成的模拟光纤 DF，仔细调节发光二极管 D、光纤 DF、光电探测器 PD 的位置，使发光二极管 D 发出的光线投射到光纤 DF 的一光滑端面上，光电探测器 PD 的受光面对准光纤 DF 的另一端面，适当增大收音机、放大器的音量，我们即可从扬声器 Y 中听到收音机发出的声音。这是由于从发光二极管 D 发出的已被调制的光，经光纤 DF 传播到光电探测器 PD 的受光面上，经过解调后，最后从扬声器 Y 中还原出音乐信号。这就是光纤通信的模拟实验。

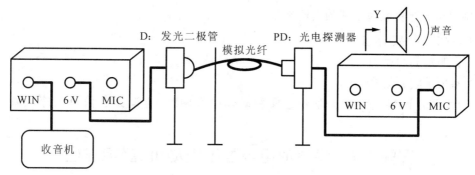

图 2-3-4　模拟光纤通信实验连线图

2. 互感现象的演示

互感线圈可以传递信息(互感无线通信)的实验,按图 2-3-5 所示将 L_1 与收音机耳机输出插口相连接,L_2 和功放的输入端相连接,使 L_1 和 L_2 相距数十厘米,只接通音频功率放大器的电源,适当增大输出音量,我们从扬声器 Y 中听不到任何声音。打开收音机电源,搜索一个信号较好、声音清晰悦耳的电台,尽管 L_1 和 L_2 相距数十厘米,并且彼此并不直接用引线相连接,此时扬声器 Y 却发出悦耳的音乐,这时,只要关闭收音机的电源,扬声器 Y 立即不发音。由此可见,扬声器 Y 发出的声音是通过互感线圈在 L_1 和 L_2 及音频功率放大器将音乐电信号传递到 Y 的。这样互感线圈能将一个电信号从一个线圈传递到另一个线圈直观、形象地演示出来。这也是简单的无线通信的演示实验。

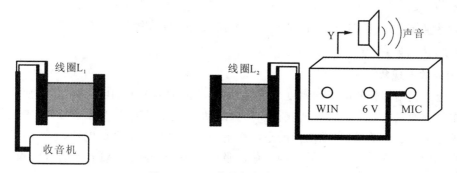

图 2-3-5　互感现象实验连线图

在上述实验的基础上,逐步增加 L_1、L_2 间的距离,直到扬声器 Y 中几乎听不到音乐信号为止,此时再在 L_1 或 L_2 中插入铁芯,如图 2-3-6 所示,扬声器又重新传出悦耳的音乐信号。由此可见,插入铁芯后,改变了线圈周围磁介质的磁导率,即改变了互感系数,改变了两线圈之间的耦合程度。

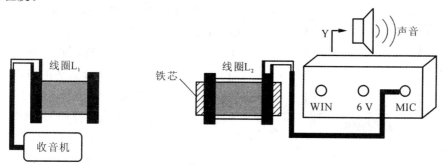

图 2-3-6　线圈中加入铁芯增大互感系数

分别记录上述实验观察到的实验现象。

【实验报告要求】

(1) 说明实验的原理。

(2) 举出本实验的其他应用实例。

注:请登录广西科技大学大学物理实验教学中心网站,查询光通信及互感现象的相关资料。

实验 2-4　尖端放电与静电电动机、静电除尘

处于静止的电荷称为静电荷,简称静电。实验室通常由摩擦、感应起电机等获得静电。工业应用中,以市电为工作电源,由高压静电发生器获得所需的静电。一般来说,产生的静电对外都表现出较高的电压。实验室由感应起电机产生的静电,输出电压达 $(4\sim6)\times10^4$ V。虽然电压较高,但莱顿瓶储存的电荷很少,所以对人体不会产生致命的危险。静电积累时,电荷主要分布在曲率半径较小的导体表面,也即分布在较尖端部分。因此,高压放电时,就从尖端部分出现放电火花,这就是尖端放电现象。

【实验目的】

(1) 了解尖端放电现象。

(2) 了解尖端放电的应用。

【实验仪器】

静电感应起电机、支架、放电针、转筒、蚊香盘、铝板、导线等。

【实验原理】

1. 尖端放电现象

由于导体尖端部分的电荷面密度非常大,因而导体尖端附近的电场很强,致使空气中的电子在尖端附近的强电场中被加速而获得相当大的动能,它们和中性分子碰撞时,中性分子被电离成电子和正离子。结果,尖端附近的空气产生许多可以自由运动的电荷,本来不导电的空气成了导体,那些与尖端上的电荷异号的电荷被吸引到尖端,并与尖端上的电荷中和,这种现象称为尖端放电。高压线表面如果不光滑(有毛刺),就会放电,产生电晕现象。电晕引起电能的损耗,并干扰通信和广播,但利用尖端放电现象也可以为人类服务,例如,避雷针就是根据尖端放电的原理发明的。

2. 静电电动机

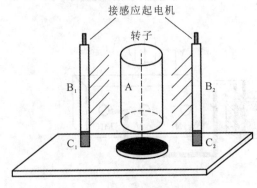

图 2-4-1　静电电动机

静电电动机转动的原理就是尖端放电。一般的电动机是由定子和转子组成的,通电后,由交流电或直流电产生旋转磁场,促使转子按一定的转速不停地旋转。而本实验用的静电电动机,既不用交流电,也不用直流电,而是用静电,不产生旋转磁场,而是通过尖端放电,形成"电风",促使转子转动。静电电动机的结构如图2-4-1所示。B_1、B_2 是由 C_1、C_2 绝缘的金属管,其上各分布着一排平行的金属针。A 是一个用针尖顶着的塑料杯,作为转子。在实验中,用"感应起电机"产生静电,

它可为研究静电学的实验提供高压静电源,并可同时获得正负电荷。感应起电机主要由两对起电盘和电刷组成。当内、外两个起电盘快速旋转时,它们分别与对应的电刷摩擦而产生正负电荷,转速越快,电压越高,最高转速达 120 r/min 时,其正负极在大气中可形成放电火花。

3. 静电除尘

随着人们生活水平的提高和社会文明的进步,环境保护越来越被人们重视,工业的发展使我们生存的环境日益恶化,由于工业用煤、生产工艺等原因,有害烟尘污染也比较严重。治理污染已到了刻不容缓的地步。环境污染首推大气污染影响最为严重,而静电除尘是解决大气污染的一种重要手段。静电除尘的原理是首先让尘埃带电,然后让带电尘埃在电场力的作用下集结到电极上,给以清除。本实验中,当静电感应起电机起电后,与其连接的针尖带上大量电荷,产生尖端放电,导致空气分子电离成大量的正负电荷,使烟雾中的尘埃带上电荷,被与它带异号电荷的物体所吸收,达到空气除尘的目的。

【实验内容与步骤】

1. 静电电动机实验

按图 2-4-1 所示连接线路,由慢到快地转动感应起电机,观察转子的转动情况;将输出导线互换位置后重新实验,观察转子的转动方向,记录观察到的实验现象。

2. 静电除尘实验

按图 2-4-2 所示连接线路,点燃蚊香,将放电针靠近蚊香,观察感应起电机转动前后烟雾的变化情况,记录观察到的实验现象。

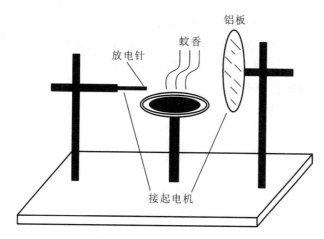

图 2-4-2　静电除尘

【实验报告要求】

(1) 写出观察到的实验现象,解释产生此现象的原因。

(2) 阐述本实验特别是静电除尘在环境保护上的意义。

(3) 举例说明尖端放电现象的实际应用。

注:请登录广西科技大学大学物理实验教学中心网站查询尖端放电与静电电动机、静电除尘的相关资料。

知识拓展

静电及尖端放电现象的应用

1. 静电

1）静电的危害

静电的危害很多。例如，飞机机体与空气、水汽、灰尘等微粒摩擦时会使飞机带电，严重干扰飞机上的设备的正常工作。可能因静电火花点燃某些易燃易爆物质而发生爆炸。静电对电子设备的影响，甚至会由于火花放电击穿某些电子器件。油罐车在行驶过程中因为燃油与油罐摩擦而产生静电，大量静电积累至一定程度，就会产生火花放电而引发爆炸；在加油站不要直接向塑料桶加油，以免因静电放电产生火花而发生危险。

2）静电的预防

用导线把设备接地，将电荷引入大地，避免静电积累。飞机着陆时，起落架上使用特制的接地轮胎或接地线，以释放掉飞机在空中所产生的静电荷；油罐车的尾部拖一条铁链或导电橡胶，这就是油罐车的接地线；在加油站不要直接向塑料桶加油，而应用金属容器盛油；在物体表面喷涂抗静电涂料，消除电荷的积累；使工作环境的湿度增加，让电荷随时释放，可以有效地预防或消除静电。潮湿的天气里，用感应起电机不容易获得静电，其原因就是电荷容易通过空气中的水汽而释放掉。

3）静电的应用

（1）静电除尘。以煤为燃料的工厂、电厂，排出的烟气带出大量燃烧后的粉尘，使环境受到严重污染，利用静电除尘可以消除烟气中的粉尘，如图 2-4-3 所示。除尘器由金属管 A 和悬在管中的金属丝 B 组成，A 接到高压电源的正极，B 接到高压电源的负极。B 附近的空气分子被强电场电离，成为电子和正离子，正离子被吸到 B 上；电子在向着正极 A 运动的过程中，遇到烟气中的粉尘，使粉尘带负电，吸附到正极 A 上，最后在重力的作用下落入下方的漏斗中。

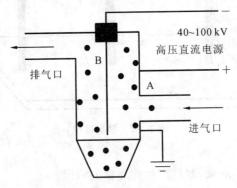

图 2-4-3　工业静电除尘示意图

（2）静电喷涂。使油漆微粒带负电，工件带正电。油漆微粒在电场力的作用下，向着作为电极的工件运动，并沉积在工件的表面，完成喷漆工作。机械化静电喷漆，喷涂质量高，油漆附着力强，表面均匀光洁，并能大幅度提高效率，节约油漆用料。

（3）静电植绒。在流水线生产上，静电植绒的主要设备就是静电植绒机。使绒毛带负电荷，把需要植绒的织物处在零电位或接地条件下，绒毛在电场力作用下，垂直加速飞向需要植绒的织物面上，由于被植绒织物涂有胶粘剂，绒毛就被垂直粘在被植绒织物上。

（4）静电复印。复印是记录资料常用的方法。静电复印机的中心部件是硒鼓，由一个可以旋转的接地的铝质圆柱体，表面镀一层半导体硒组成。半导体硒有特殊的光电性质：没有光照时是绝缘体，能保持电荷；受到光照立即变成导体，将释放所带的电荷。复印每一页材料在经过充电、曝光、显影、转印等几个步骤后，再经过墨粉的吸附、定影等，最后就能将材料复印下来。

2. 尖端放电

在带电导体表面附近，曲率半径较大处，电荷密度和电场强度的值较小；曲率半径较小处，电荷密度和电场强度的值较大。带电导体尖端附近的电场强度特别大，可使尖端附近的空气发生电离成为导体而产生放电，电场足够强时，会出现强烈的火花放电，这种放电现象就是尖端放电现象。避雷针就是最常见也是很重要的尖端放电现象的一个应用实例。避雷针通常由一根镀锌圆钢导体构成，一端安装于高出建筑物的顶端上，另一端良好接地，接地电阻要求在 $0.5 \sim 10\ \Omega$ 之间。当云层上电荷较多时，避雷针与云层之间的空气被击穿，带电云层与避雷针形成通路，把云层上的电荷导入大地，消除雷电对建筑物构成的危险，保证了建筑物的安全。

实验 2-5　感应电流的热效应

在交变磁场中的导体会产生感应电动势，如果导体闭合则在导体中产生感应电流。感应电流的大小与感应电动势、导体电阻的大小有关。电动势越大、电阻越小，则感应电流就越大。感应电流在通过有一定电阻的导体时，将在导体内产生焦耳热，这就是感应电流的热效应现象。

【实验目的】

（1）观察感应电流热效应现象。

（2）探究感应电流热效应原理及其应用。

【实验仪器】

感应电流热效应演示仪的结构如图 2-5-1 所示。

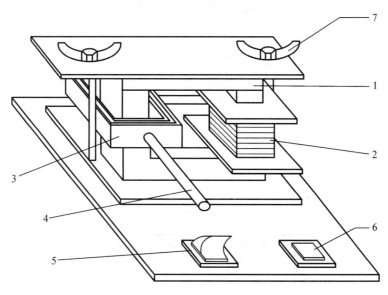

图 2-5-1　感应电流热效应演示仪

1—矽钢片压叠制成的"口"字形磁轭；2—高匝数初级线圈；

3—单匝的矩形铝锅；4—铝锅的手柄；5—电源开关；

6—初级线圈的手触开关；7—固定磁轭与线圈在底座的螺母

【实验原理】

将交流电源接入匝数很高的初级线圈中,在初级线圈中产生励磁电流,在"口"字形磁轭中产生高磁感应通量,该交变磁通量穿过铝锅产生感应电动势,由于铝锅电阻很小,因此产生很大的感应电流,释放出很大的焦耳热,在几分钟内使铝锅内的石蜡熔化。其实,铝锅相当于一个次级为1匝的短路线圈。如果改变次级匝数,选择合适的变压器容量,控制其最大的输出电压或电流值,则构成各种用途的变压器。由此可见,在使用变压器时,不能将变压器输出端短路,否则,产生的焦耳热可能会将变压器烧毁。

【实验操作】

(1) 将矩形铝锅4置在"口"字形磁轭的左端,旋紧螺母将磁轭固定在底座上。

(2) 将少量的石蜡粉放入铝锅中。

(3) 接通交流电源开关5,摁下开关6,将220 V/50 Hz的交流电源接入匝数很高的初级线圈中,在很短时间内注意观察铝锅中的石蜡的变化情况,记录观察到的实验现象。

【实验报告要求】

(1) 分析感应电流产生的原理,解释观察到的实验现象。

(2) 分析感应电流的大小及产生的焦耳热与哪些量有关。

【参考资料】

[1] 郭木森,等. 电工学[M]. 北京:高等教育出版社,2001.

[2] 广西科技大学大学物理实验中心网站建设小组. 感应电流的热效应. 广西科技大学大学物理实验教学中心网站.

知识拓展

感应电流的应用实例

1. 电磁炉

电磁炉就是利用电磁感应原理制造而成的,如图2-5-2所示。当励磁线圈通上交变励磁电流时,穿过铁锅的磁通也是交变的,在铁锅底部将出现感应电流,在此称作涡流。铁锅具有一定的电阻,因此感应电流使铁锅体本身快速发热,从而加热锅内的食物。为了进一步提高热效率,除采用具有较高磁导率的锅具外,还通过电子电路的变换提高励磁电流的频率。目前,家用电磁炉的励磁电流频率通常取20~40 kHz。电磁炉具有发热快、效率高、无明火等优点,已在现代家庭中被广泛应用。

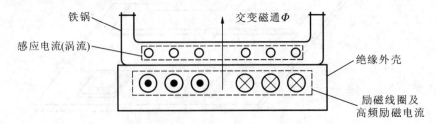

图 2-5-2　利用感应电流热效应制造的电磁炉

2. 交流接触器的短路环

在工厂的电气控制中,大量用到交流接触器作为控制器件,交流接触器的线圈通以交流电,由于通过线圈的电流的周期变化,铁芯内的磁通也是周期变化的。当磁通为零时,衔铁与铁芯间的相互吸力也为零,这时,衔铁在复位弹簧的作用下被拉开,磁通过零后吸力又逐渐增大,吸力大于弹簧弹力时衔铁又吸合,如果铁芯上无短路环,在如此反复循环的过程中,衔铁会产生强烈的振动和噪音,可能导致触点接触不良、磨损或熔化,甚至可能导致整个电路发生故障;在铁芯上安装了短路环后,短路环将气隙磁通分为两部分,即磁通 Φ_1、Φ_2,

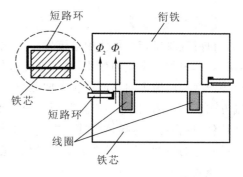

图 2-5-3　交流接触器的短路环

如图 2-5-3 所示。磁通 Φ_2 穿过短路环,在闭合的短路环内产生感应电流。当交流电过零时,亦即线圈电流产生的磁通为零时,在短路环内的电流并不为零,产生磁通 $\Phi_环$。显然,磁通 $\Phi_环$ 与线圈电流产生的磁通在相位、幅值上都不相同,这两个磁通产生的电磁力就不再同时过零。总的效果就是,在铁芯与衔铁间始终有磁力的作用,只要最小吸力大于弹簧的弹力,衔铁将会可靠地被吸住,极大地减小了振动和噪音,使交流接触器可靠平稳地运行。对于直流接触器(继电器),直流电流产生的是恒定磁通,因此衔铁不会出现振动现象,所以无须安装短路环。

实验 2-6　通电、断电自感实验

自感现象在各种电路设备和无线电技术中有广泛的应用,自感线圈是交流电路中的重要元件,如日光灯的镇流器就是利用线圈自感现象的一个例子。

【实验目的】

(1) 观察通电、断电自感现象。

(2) 探究自感现象的原理。

(3) 探究基尔霍夫第二定律的应用、RL 回路暂态过程。

【实验仪器】

通电、断电自感演示仪如图 2-6-1 所示。

通电、断电自感现象演示仪

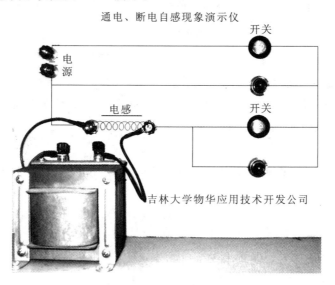

图 2-6-1　通电、断电实验装置图

【实验原理】

自感现象是指当导体中电流发生变化时,导体本身就会产生感应电动势,这个电动势总要阻碍导体中原来电流的变化,这种变化包括原电流的大小和方向。即当原电流增大时,自感电动势产生的电流方向与原电流方向相反;当原电流变小时,自感电动势产生的电流方向与原电流方向相同。阻碍不是"阻止",原电流将继续发生变化,只是延缓了变化的速率。从能量的角度解释,自感现象是导体(线圈)中能量的储存过程和释放过程。线圈能量的增加或减少总要经过一定的时间,这是一个渐变的过程,能量不可能突变,所以,线圈中的电流是连续变化的,不可能发生突变。

【实验内容与步骤】

1. 观察通电自感现象

如图 2-6-2 所示,直流电源 E 是由市电经降压、整流、滤波之后获得的,将电源插头接通,将 K_2 断开,当 K_1 接通的瞬间,即可观察到 L_1 先亮、L_2 后亮。由于 K_1 接通瞬间,L_1 直接并联到电源 E 上,所以接通后,它马上就亮,而 L_2 是与电感 L 串联之后才接到电源上的,由于通电的一瞬间、电感 L 产生一个自感电动势,使得 L_2 滞后于 L_1,这就充分说明了通电时的自感现象。

2. 观察断电自感现象

如图 2-6-2 所示,将 K_2 合上(即将 L_2 短路)、K_1 断开(即断电)观察发现,在断电的瞬间,L_1 突然亮了一下(比正常通电时还亮),这就是断电自感现象。这是由于在断电的瞬间,电感 L 产生一个自感电动势,通过 L_1 放电,使得 L_1 发光。为了观察清楚,可以反复将 K_1 通断。

3. 通电、断电自感现象理论分析

为了加深对实验现象的理解,设计如图 2-6-3 所示的电路。

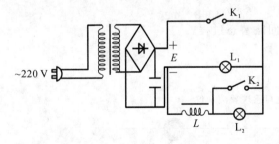 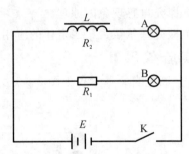

图 2-6-2　通电、断电实验电路图　　　图 2-6-3　通电、断电实验原理图

对图 2-6-3 的电路进行分析,设图中 K 接通后,线圈 L 和灯泡 A 的总电阻为 R_2,灯泡 B 的总电阻为 R_1,K 接通后,R_1 支路的电流强度立即达到 I_1,且有 $I_{1m} = \dfrac{E}{R_1}$,而 R_2 支路则因自感电动势 $E_L = -L\dfrac{\mathrm{d}I}{\mathrm{d}t}$ 的存在,电流 I_2 将从零逐渐增大到 $I_{2m} = \dfrac{E}{R_2}$,I_2 随时间变化的规律可由基尔霍夫第二定律得到,即

$$E - L\frac{\mathrm{d}I}{\mathrm{d}t} = I_2 R_2 \tag{2-6-1}$$

结合初始条件 $t_2 = 0$,$I_2 = 0$,解出

$$I_2 = \frac{E}{R_2}\left(1 - \mathrm{e}^{\frac{R_2}{L}}\right) = I_{2m}\left(1 - \mathrm{e}^{\frac{t}{\tau}}\right) \tag{2-6-2}$$

式(2-6-2)中 $\tau = \dfrac{L}{R_2}$，当 $t = 5\tau$ 时，即可认为 $I_2 = I_{2m}$。只要 $\tau = \dfrac{L}{R}$ 足够大，就可以明显地观察到灯泡 A 缓慢变亮的现象，若 $R_1 = R_2$，则最后灯泡 A 和 B 同样亮。

再看 K 断开的情况，这时电源不起作用了，而图中的闭合回路里产生了自感电动势，以阻止电流的减小，灯泡 A、B 都不会立即熄灭。回路中电流变化的规律应由

$$-L\,\frac{\mathrm{d}I}{\mathrm{d}t} = I(R_1 + R_2) \tag{2-6-3}$$

(此时，K 断开后，支路 R_1 中的电流 I_{1m} 立即变为零)，结合初始条件 $t = 0$，$I = I_{2m}$ 而解出，即

$$I = I_{2m}\mathrm{e}^{-\frac{R_1 + R_2}{L}t} = I_{2m}\mathrm{e}^{-\frac{t}{\tau'}} \tag{2-6-4}$$

在式(2-6-4)中，

$$\tau' = \frac{L}{R_1 + R_2}$$

可见，回路中的电流 I 按指数规律衰减。当 $t = 5\tau'$ 时，可以认为 $I \approx 0$。

当 $R_1 = R_2$ 时，K 断开后 $I_{2m} = I_{1m}$，这时可看到 B 灯泡由原来的亮度逐渐变暗。

当 $R_1 < R_2$ 时，K 断开后 $I_{2m} < I_{1m}$，这时可看到 B 灯泡不会比原来亮。

当 $R_1 > R_2$ 时，K 断开后 $I_{2m} > I_{1m}$，这时可看到 B 灯泡比原来更亮一下。

因此，只有 τ' 足够大，且 $R_1 > R_2$ 时，K 断开前 $I_{2m} > I_{1m}$，K 断开后 R_1 支路上的电流才可能从 I_{2m} 开始逐渐下降。所观察到灯泡 B 在熄灭前猛地"更亮"一下，指的就是 R_1 支路上电流由 I_{2m} 下降到 I_{1m} 这一段时间内的情况，其中 $I_{1m} = \dfrac{E}{R_1}$。

【实验报告要求】

(1) 要使实验现象明显，设计电路时应该注意哪些问题？

(2) 通过查找资料，写一篇短文，介绍自感原理的应用(如灭弧装置的安全开关，日光灯的镇流器工作原理等)。

【实验注意事项】

(1) 演示板背后电源变压器初级为 220 V，为防止触电，请勿触摸。

(2) 防止剧烈振动，以免将灯泡振坏。

【思考题】

(1) 本实验断电自感现象中，在什么情况下，断电的瞬间 L_1 突然亮了一下，比正常通电时还亮？

(2) 了解电焊机怎样利用了自感现象。

(3) 制造电阻箱时，为什么要用双线绕法？

(4) 如何防止电弧火花的危害？

【参考资料】

[1] 赖莉飞，王笑君. 自感现象的定量研究[J]. 大学物理，2005，24(3)：51-52.

[2] 刘应敏. 自感现象实验电路的分析[J]. 焦作大学学报，2008，10(4)：65-66.

注：请登录广西科技大学大学物理实验课程网站，查询通电、断电自感实验的相关资料。

知识拓展

1. 电弧的形成

如果电路电压为 $10\sim20$ V,电流为 $80\sim100$ mA,断开时电器的触头间便会产生电弧。电弧的形成是触头间中性质子(分子和原子)被游离的过程。从阴极表面发射出来的自由电子和触头间原有的少数电子,在电场力的作用下向阳极做加速运动,途中不断地和中性质点相碰撞,使得触头间充满了电子和正离子,介质被击穿而产生电弧,电路再次被导通。电弧形成后,弧隙间的高温使阴极表面的电子获得足够的能量而向外发射,形成热电场发射。气体中性质点的不规则热运动速度增加。当具有足够动能的中性质点相互碰撞时,将被游离而形成电子和正离子,随着触头分开的距离增大,触头间的电场强度 E 逐渐减小,这时电弧的燃烧主要是依靠热游离维持。当高压断路器开断高压有载电路时,它之所以产生电弧,其原因在于触头本身及其周围的介质中含有大量可被游离的电子。在分断的触头间存在足够大的外施电压条件下,会因强烈的游离而产生电弧。

2. 日光灯的启动

日光灯电路主要由灯管、镇流器、起动器三个主要部件组成,如图 2-6-4 所示。

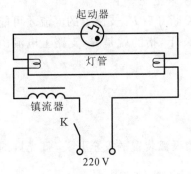

图 2-6-4　日光灯电路图

1) 灯丝预热

开关闭合后,电源把电压加在起动器的两极之间,起动器中的氖气因电离放电而发出辉光。辉光产生的热量,使起动器 U 形触片(动触片与静触片)接触,从而把电路接通,于是镇流器的线圈和灯管的灯丝中就有电流通过,使灯丝预热。

2) 灯管两端加高压点亮灯

电路接通后,起动器中的氖气停止放电,U 形触片冷却收缩,两个触片分离,电路自动断开,由于镇流器线圈中电流减小,断开的瞬间产生很大的自感电动势,这个电动势与电源电压叠加在灯管两端,使灯管中的水银蒸气放电,于是日光灯管成为电流的通路并发光。

3) 正常发光

灯管点亮后,镇流器与灯管组成串联电路,由于交流电不断通过镇流器的线圈,线圈中就有自感电动势,它总是阻碍电流变化的,镇流器起分压限流的作用,使灯管正常发光。

3. 自感现象的危害

在自感系数很大而电流又很强的电路(如大型电动机的定子绕组)中,在切断电路的瞬间,由于电流强度在很短的时间内发生很大的变化,会产生很大的自感电动势,使开关的闸刀和固定夹片之间的空气电离而变成导体,形成电弧。这会烧坏开关,甚至危及工作人员的安全。因此,切断这类电路时必须采用特制的安全开关。常见的安全开关是将开关放在绝缘性能良好的油中,防止电弧的产生,以保证安全。

真空与真空镀膜技术简介

1. 真空的概念

1）真空的概念

低于一个标准大气压的气体状态，称为真空。

真空分为自然真空和人为真空。自然真空指气压随海拔高度增加而减小，存在于宇宙空间。人为真空指通过人为的方式（如用真空泵抽掉容器中的气体）获得低于一个大气压的气体状态。

2）真空量度单位

1 标准大气压＝760 mmHg＝760 Torr，1 标准大气压＝1.013×10^5 Pa，1 Torr＝133.3 Pa。

3）真空区域的划分

目前对真空尚无统一的规定，常见的划分有粗真空，$10^3 \sim 10^5$ Pa（10～760 Torr）；低真空，$10^{-1} \sim 10^3$ Pa（$10^{-3} \sim 10$ Torr）；高真空，$10^{-6} \sim 10^{-1}$ Pa（$10^{-8} \sim 10^{-3}$ Torr）；超高真空，$10^{-10} \sim 10^{-6}$ Pa（$10^{-12} \sim 10^{-8}$ Torr）；极高真空，$<10^{-10}$ Pa（$<10^{-12}$ Torr）。

2. 真空的获得

1643 年，意大利物理学家托里拆利（E. Torricelli）首创著名的大气压实验，获得真空。

人们通常把能够从密闭容器中排出气体或使容器中的气体分子数目不断减少的设备称为真空获得设备或真空泵。在真空技术中，通过各种真空设备，采用各种不同的方法，已经能够获得和测量从大气压力 $10^{-13} \sim 10^5$ Pa、宽达 18 个数量级的压力范围的真空。

显然，只用一种真空泵获得这样宽的低压空间的气体状态，是十分困难的。随着真空应用技术在生产和科学研究领域中对其应用压强范围的要求越来越宽，大多需要由几种真空泵组成真空抽气系统共同抽气后才能满足生产和科学研究的要求。

1）真空泵的分类

按真空泵的工作原理，真空泵基本上可以分为两种类型，即气体传输泵和气体捕集泵。

气体传输泵是一种能将气体不断地吸入并排出泵外以达到抽气目的的真空泵。例如，旋片机械泵、油扩散泵、涡轮分子泵。

气体捕集泵是一种使气体分子短期或永久吸附、凝结在泵内表面的真空泵。例如，分子筛吸附泵、钛升华泵、溅射离子泵、低温泵和吸气剂泵。

2）真空泵的主要参数

（1）抽气速率：定义为在泵的进气口任意给定压强下，单位时间内流入泵内的气体体积。

（2）极限压强：P_n（极限真空）。

（3）最高工作压强：P_m。

（4）工作压强范围（$P_n \sim P_m$）：泵能正常工作的压强范围。

3. 真空镀膜

真空技术在电子技术、航空航天技术、加速器、表面物理、微电子、材料科学、医学、化工、工农业生产、日常生活等各个领域有着广泛的应用。真空镀膜是真空技术的重要应用。

薄膜就是在基体材料表面所制备的一层或几层很薄的材料，其厚度可以从几个纳米到几十微米，因此薄膜在厚度方向的尺度和水平方向的尺度相比非常小，尤其是纳米级厚度的薄膜,由此可以认为它是二维材料。与三维块体材料相比,薄膜材料有着特殊的性能,尤其具有特殊的光、电、磁等效应;又由于大部分材料在应用中发挥作用的大多是其表面附近的部分,或是其表面起着特殊的作用,所以在块体材料表面制备满足要求的薄膜,对材料表面进行加工处理,可以赋予材料表面特殊的性能或对材料表面加以防护,从而大大提高材料的性能。同时,用薄膜材料替代块体材料可以节能,并且能避免块体材料在制备技术上的困难,因此薄膜技术在新材料研究领域得到了广泛的重视。

实验 2-7　频闪法测转速的实验探索

在现代工业自动化生产中,涉及各种各样的检查、测量和零件识别工作,其共同特点是连续大批量生产,对外观质量的要求非常高,通常这种高度重复性的工作只能靠人工检测来完成。生产线上的微小尺寸的精确快速测量、形状匹配、颜色辨识等,由于被观测物体高速运动,人眼无法连续稳定地进行观察和检验,易出差错。频闪仪观测技术能较好地解决此难题。

【实验目的】

(1) 了解人眼的"视觉暂留"现象。

(2) 研究频闪法测转速、减缓物体运动速度的原理。

(3) 学会用频闪法测风扇的转速。

(4) 初步了解频闪仪的实际应用。

【实验仪器】

(1) 频闪仪 1 台,其频率可调,频率数值以数字显示。

(2) 台式小电风扇 1 只,一块叶片上涂有一红点作为标志,风扇具有快慢挡。

(3) 小电机 1 个,其转盘上标有 A、B、C,分三个区域分别涂上红、绿、蓝三原色,其转速可调节。

【课前思考题】

(1) 什么是人眼的"视觉暂留"? 如果连续移动的画面的频率与人眼"视觉暂留"特点的频率不符时,连续移动的画面将会发生什么现象?

(2) 什么是频率? 什么是周期?

【实验原理】

1. 频闪仪简介

频闪仪也叫频闪静像仪或转速计,是能够使作振动、高速旋转或周期运动的构件变成"静止不动"的构件的一种光学测量装置。频闪仪的工作原理是根据设定的频率或根据外触发频率来控制闪光灯的闪烁频率。图 2-7-1 是 FD-3B 频闪仪(含小风扇、小电机)的实物图。

图 2-7-1　FD-3B 频闪仪(含小风扇、小电机)的实物图

频闪仪本身可以发出短暂、频密的闪光,当调节频闪灯的闪动频率,使其与被测物的运动速度接近或同步时,被测物虽然高速运动着,但看上去却是缓慢运动或相对静止的,这种视觉暂留现象通过目测就能轻易观测到高速运动物体的表面质量与运行状况,而频闪仪的闪光速度即为被检测物体(如马达)的转速和运动频率(如印刷袋),亦可以利用频闪仪分析物体振动

情况、高速移动物体的动作及高速摄影状态等。频闪仪观测检验技术在欧美已广泛使用,随着我国经济的高速发展,越来越多的行业开始使用频闪仪来帮助解决产品质量检验问题。

2. 频闪仪测转速原理

频闪测转速,是基于频闪效应原理的。所谓频闪效应就是物体在人的视觉中消失后,人的眼睛能保留一定时间的视觉印象(视觉暂留)。视觉暂留的持续时间,在物体一般光度的条件下 1/20～1/15 s 的范围内。若来自被观察物体的刺激信号是间断的,且每次都少于1/20 s,则视觉印象来不及消失,从而给人以连续而固定的假象。

若用一闪一闪的光照亮旋转圆盘,在盘上偏离圆心的位置做一明显的记号,则当闪光的频率与旋转圆盘的转速相等时,圆盘上的记号即呈现停止状态。若闪光频率为已知,则可测定圆盘的转速。这就是频闪测速的原理。

根据频闪测速原理,人们成功研制了各种型号的频闪式转速表。这些转速表大部分由多谐振荡器、闪光灯、频率检测系统及电源等部分组成。由多谐振荡器产生各种频率的窄脉冲信号触发闪光灯,使闪光灯发出与脉冲频率同步的一闪一闪的光,用来照明旋转体,测量旋转体的转速。测量转速时,将调速开关调整至适当的范围,用闪光灯照射所测物体,然后调整旋钮,调整至闪光灯与旋转物体同步,则频闪仪所显示的数字即为旋转物体的转速。所谓“同步”就是闪光灯的频率与试验体的转速一致,由于眼睛产生的错觉,操作者会发现试验体上的记号恰似静止不动,如果记号有重叠的现象,表示并不同步。

由于眼睛的错觉,有时会发生“假性同步”的现象,就是当试验体的转速恰为闪光灯的整数倍时,试验体上的记号也会呈现出静止状态。

假设试验体的转速未知,调整旋钮至 1000 Hz 时,发现试验体上的记号静止不动,再把旋钮调整至 1000 Hz 的倍数 2000 Hz,如果记号呈现重叠现象,则可确定试验体的转速是1000 Hz,万一记号仍然静止不动,则表示 1000 Hz 是“假性同步”,如果再调整旋钮至4000 Hz,发现记号不重叠则可确定试验体的转速是 2000 Hz,以此类推……总之,若某一值呈现同步(静止),而它的两倍值不同步(重叠),这才是真正的待测物的转速值。

【实验内容与步骤】

(1) 开启小电机,开关置于满挡位置,用频闪灯照射其转盘,调节频闪仪的频率,直至目视转盘上的 A、B、C 记号不动,记下它的频率,继续由小调大频闪仪的频率,记下多次出现记号不动时相应的频率,然后改换电机的最低挡测量。

(2) 开启小风扇,开关置于满挡位置,用频闪灯照射其叶片,调节频闪仪的频率,直至目视风扇三叶片不动,同时叶片上的红色标志也不动时,记下相应的一组频率。另外,将开关置于“快挡”,按上述做法记下相应的一组频率。

(3) 因为存在“假性同步”现象,请对你测出的一组频率进行分析,从中探索测量电风扇转速的一般规律,并指出哪个频率才是待测频率。

【实验报告要求】

(1) 写明本实验的目的和意义。

(2) 记录所用仪器、材料的规格和型号等。

(3) 阐明实验的基本原理。

(4) 记录实验的全过程包括实验的步骤、各种实验现象和数据等。

(5) 分析实验结果,讨论实验中出现的各种问题。

（6）指出频率仪在实际中的几个应用实例。

【思考题】

（1）在待测转速的物体上做一个标志，设待测物（如风扇）的转速为 f_x（次/s），频闪仪的闪光频率为 $f_闪$（次/s），当 $f_闪＝f_x$ 时，每次闪光都是标志转到同一位置时被照亮，如果闪光频率不在 15～20 Hz 的范围内，则每次频闪印象都来不及从人的视野中消失而下一次频闪印象已出现，所以频闪印象汇成了一个叠加的整体，旋转体给人以停留不动的假象，这种假象也称为定象。定象包括单定象、二重定象、三重定象等各种多重定象。

① 当 $f_闪＝nf_x(n\in\mathbf{N})$ 时，出现单定象。

② 当 $f_闪＝\dfrac{1}{n}f_x(n\in\mathbf{N})$ 时，出现 n 重象。

③ 当 $f_闪＝\dfrac{n}{m}f_x(m,n\in\mathbf{N})$ 时，出现 m 重象。

请通过分析研究理解上述规律。

（2）实验中有时会看到 6 个叶片"静止不动"，分析此现象，并说明为什么必须满足 3 个叶片和叶片上面的字母 A、B、C 都"不动"的情况下方可记录频率。

（3）如果叶片上不写字母，如何测定电扇旋转的频率（实际上 3 个叶片"静止不动"的频率将不止一个），从中探索测量电风扇转速的一般规律。

【参考资料】

[1] 沈元华，陆申龙. 基础物理实验[M]. 北京：高等教育出版社，2003.

[2] 姜淳，梅鸿. 频闪仪及其在印刷检验系统中的应用[J]. 机电工程，2006，23(2)：16-20.

[3] 余冰衷. 用频闪法测量转速的方法探讨[J]. 计测技术，2001，12(5)：33-37.

注：请登录广西科技大学大学物理实验教学中心网站，查询频闪仪测转速的相关资料。

知识拓展

用频闪仪减慢或"停滞"移动物体的运动

便携式频闪仪的初始用途是减慢或"停滞"移动物体的明显运动，使人们能安全、容易地分析它们的运行行为。为了使物体表现得移动更慢，只需要以一稍高或稍低于实际速度的频率频闪。物体表现的运动速度可以通过从物体实际速度开始减小频率来决定。物体表现的运动方向（顺时针、逆时针或向前、向后）由频闪频率决定，物体的实际运动方向和频闪的"方向"给物体定向。

假设想看到风扇转速变慢（设风扇以 1000 r/min（转/分）顺时针旋转）。如果人站在风扇前方，频闪频率为 1005 r/min，则物体显得像以 5 r/min 的转速逆时针运动；如果人站在风扇前方，频闪频率为 995 r/min，则物体显得像以 5 r/min 的转速顺时针运动；如果人站在风扇后方，频闪频率为 1005 r/min，则物体显得像以 5 r/min 的转速顺时针运动；如果人站在风扇后方，频闪频率为 995 r/min，则物体显得像以 5 r/min 的转速逆时针运动。当继续增加频闪频率时，物体可能表现为停滞、减慢、加速、向前，再次停滞、向后，形成复合图像，等等，这些图像的出现决定了物体实际速度的倍数或谐频。谐频图像在物体实际速度的整数倍和分数倍时出现。

根据以上原理,可以进行各种各样的检查、测量和零件识别工作,如对生产线上的微小尺寸进行精确快速测量、形状匹配、颜色辨识等。

请思考:

(1) 如何用频闪仪测定锯条片上下做受迫振动的频率?

(2) 将频闪仪对准滴水管系统,开启滴水管的控制装置,让水滴自由下滴并调至合适的下滴速度,记录水滴下滴的中间段的频率。

(3) 将频闪仪对准一维驻波实验仪,开启实验仪,任意给出一个驻波,调节频闪仪的频率,直到整个波形稳定不动时,记录此时的频率。将频闪仪的频率调至 2 倍、3 倍、4 倍,观察此时驻波会发生什么现象? 对上述实验的现象、数据和结果进行分析归纳,并研究其物理规律。

(4) 当闪光速率与被测物体的转速、运行频率同步时,视觉上使运动物体呈静止状态,以便轻易观测到高速运动物体的表面质量与运行状况。频闪仪的闪光速度即为被检测物体(电机马达)转速和运动频率(印刷机),亦可以利用频闪仪分析物体的振动情况、高速移动物体的动作及高速摄影状态等。频闪仪在印刷检验系统中有着重要的应用。

实验 2-8　磁悬浮实验

磁悬浮技术是磁性原理和控制技术综合应用的产物,经过多年来科学家和工程技术人员的努力,这一技术已进入实用阶段,如 2002 年上海建成了我国第一条磁悬浮示范运营线。

现在磁悬浮技术研究的热点是磁悬浮轴承和磁悬浮列车。磁悬浮轴承是通过磁场力将转子和轴承分开,实现无接触的新型支承组件。相对于普通轴承,磁悬浮轴承具有无接触、无摩擦、使用寿命长、不用润滑及高精度等特殊优点,因此,磁悬浮轴承在工业设备制造、电力工程等方面有着广阔的应用前景。

磁悬浮列车作为一种新型的轨道交通工具已经广为人知。它的原理是依靠电磁引力或电磁斥力将列车悬浮于空中并进行导向,实现列车与地面轨道间的无机械接触,再利用直线电机驱动列车运行。由于没有接触和摩擦,所以列车可以以非常高的速度运行。目前,比较成熟的磁悬浮列车技术是以德国为代表的常导电式磁悬浮和以日本为代表的超导电动磁悬浮。常导型也称常导磁吸型,利用普通直流电磁铁的电磁吸引力的原理将列车悬起,悬浮的气隙较小,一般为 10 mm 左右。列车的速度可达每小时 400~500 km,适合于城市间的长距离快速运输,上海磁悬浮项目采用的就是德国的这种技术。超导型磁悬浮列车也称超导磁斥型,它是利用超导磁体产生的强磁场,使列车运行时与布置在地面上的线圈相互作用,产生电动斥力将列车悬起,悬浮气隙较大,一般为 100 mm 左右,速度可达每小时 500 km 以上。德国和日本是较早研究磁悬浮列车应用技术的国家,这两种技术已经比较成熟,中国的磁悬浮技术虽然在短时间内发展迅速,在很多方面取得了重要成果,但由于各种原因还没有能够进入实用阶段。此外,磁悬浮技术在军事、材料制备等领域也有重要的应用。

【实验目的】

(1) 观察磁悬浮实验现象,对磁悬浮现象有直观认识。

(2) 了解磁悬浮原理。

【实验仪器】

MSU-1 磁悬浮实验仪装置图如图 2-8-1 和图 2-8-2 所示,仪器由控制主机部分和线圈部分组成。控制主机部分通过三位半数字电压表/电流表来显示输入线圈的交流电压和通过线圈的交流电流,由换挡开关切换线圈输入电压值,电压变化范围控制在 16～24 V。线圈中心是一根圆柱形的软铁棒。

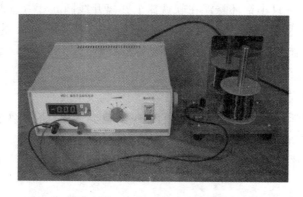

图 2-8-1　MSU-1 磁悬浮实验仪装置实物图

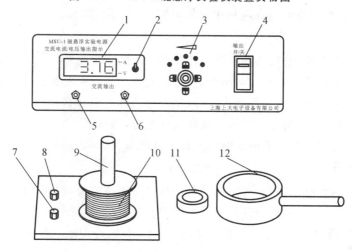

图 2-8-2　MSU-1 磁悬浮实验仪装置结构图

1—交流电流/电压输出指示窗;2—电流/电压指示换挡开关;3—输出电压调节换挡开关;

4—输出开关(短路保护);5,6—输出接线柱;7,8—线圈输入接线柱;9—线圈铁芯棒;

10—线圈;11—磁悬浮圆环;12—共振用大铝环

【实验原理】

请参考大学物理教材中的电磁感应原理。

【实验内容与步骤】

(1)跳环实验:将一只紫铜环或小铝环套在铁芯线圈的软铁棒上,接通线圈接线柱,合上输出开关,打开电源后盖板上的电源开关,显示窗显示电源电压或输出电流,调输出电压调节换挡开关,由断开(水平)转向最高输出电压(约 24 V),可以看到当小铝环突然脱离软铁棒时,飞出一定的高度。

(2)浮环实验:调输出电压调节换挡开关在 16～24 V,将铝环等材料的环放在线圈铁芯上,观察环的悬浮现象。记录相同电压下的悬浮高度,以及相同材料在不同电压/电流时的高度,称量环的质量。

(3)双铝环实验:将小铝环套在线圈铁芯棒上,逐渐增加电压,使小铝环上升到离线圈 5～7 cm 时,用手拿住另一只小铝环,慢慢套入软铁棒,当这只小铝环距离原来的小铝环约 2 cm

时,它会将下面的小铝环吸上来,合二为一,松手后一起做上下运动。

(4) 点亮发光管实验:试从不同高度观察发光管的发光亮度。

(5) 共振实验:当一只小铝环悬浮在软铁棒上并离开线圈 5~7 cm 时,用大铝环套在小铝环外,并拿着大铝环的柄做上下运动(要求沿着软铁棒,不要碰着小铝环),此时小铝环受到大铝环的吸引力也会跟着大铝环做上下运动。改变大铝环上下运动的频率,可使小铝环上下运动的幅度越来越大,直至跳出线圈铁芯棒。

【实验报告要求】

阐述大学物理中学习到的电磁感应原理,记录实验步骤及对应的实验现象,结合电磁感应原理,解释观察到的实验现象,并选择完成下面的实验。

(1) 在理解磁悬浮现象原理的基础上,通过查找资料,进一步了解磁悬浮列车的知识,写一篇短文。

(2) 在实验中,金属环的温度会很快升高,而在实际应用中,这种现象是不允许的。通过查找资料,研究在磁悬浮技术实际应用中是如何解决这一问题的。

【思考题】

(1) 根据电磁感应的知识,你能解释上述几个实验的结果吗?

(2) 如果将小铝环沿轴线开一条小缝,上述实验结果会怎样? 为什么?

(3) 如果将小铝环改为塑料环或小木环,结果会怎样? 为什么?

(4) 在实验过程中,会明显感觉到金属环温度上升,为什么?

(5) 为什么在线圈上加直流电压时没有磁悬浮现象?

【参考资料】

[1] 李贞融.电磁感应与磁悬浮力实验的设计[J].物理实验,2008,6(6):34-38.

[2] 徐力.磁悬浮实验的理论浅析[J].天津理工学院学报,1997,12(12):14-18.

注:请登录广西科技大学大学物理实验教学中心网站,查询磁悬浮实验的相关资料。

实验 2-9 声聚焦实验

【实验目的】

通过本实验使学生体验抛物反射面对声波的反射与聚焦的作用。

【实验仪器】

实验装置由两个抛物面组成,如图 2-9-1 所示。

图 2-9-1 仪器示意图

【实验原理】

图 2-9-2 为抛物反射面的截面图,F 为其焦点,MN 为抛物面的准线。A_1P_1 和 A_2P_2 为任意传来的两条声波,它们的延长线和准线相交于点 Q_1 和 Q_2,根据抛物面的性质,得

$$P_1F = P_1Q_1, \quad P_2F = P_2Q_2$$
$$A_1P_1 + P_1F = A_2P_2 + P_2F$$

上式表明平行于轴的各声线到达焦点 F 的声程相等。反之,平行于轴的声波必交于焦点 F。

图 2-9-3 所示为声波传播的路线。当一声源放在左

边的焦点 F_1 处,声波将被抛物反射面以平行于其轴线方向向右反射出去,此平行声波射到右边反射面时,被反射的声波聚焦于右边的焦点 F_2 处。

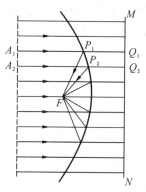

图 2-9-2　抛物反射面的截面图

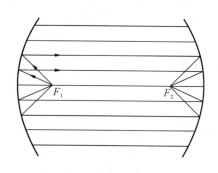

图 2-9-3　声波传播的路线图

【实验内容与步骤】

两聚焦抛物面相对放置,两个学生参与实验,一学生站在一声聚焦抛物面焦点 F_1 处,面对反射面说悄悄话,站在另一声聚焦抛物面焦点 F_2 处并面对该反射面的学生将能清晰地听到对方的说话声,体验到抛物面对声音的反射和聚焦作用。

【实验报告要求】

(1) 写明本实验的目的和意义。

(2) 阐明实验的基本原理、设计思路。

(3) 记录实验的全过程,包括实验步骤、实验图示、实验现象等。

(4) 分析实验现象,讨论实验中出现的各种问题。

【思考题】

(1) 两个声聚焦抛物面之间的距离对实验效果有什么影响? 摆放时应注意什么问题?

(2) 阐述声聚焦的缺点、优点及应用。

(3) 著名北京天坛回音壁(见图 2-9-4),是天坛中存放皇帝祭祀神牌的皇穹宇外围墙。墙高 3.72 m,厚 0.9 m,直径 61.5 m,周长 193.2 m。墙壁是用磨砖对缝砌成的,墙头覆着蓝色

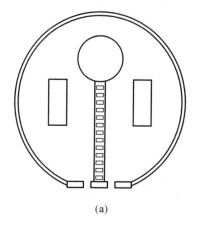

(a)

(b)

图 2-9-4　天坛回音壁平面图

(a) 回音壁平面图;(b) 回音壁回音体验

琉璃瓦。围墙的弧度十分规则,墙面极其光滑整齐,两个人分别站在东、西配殿后,贴墙而立,一个人靠墙向北说话,声波就会沿着墙壁连续折射前进,传到一二百米的另一端,虽然说话声音很小,但对方听得清清楚楚,而且声音悠长,堪称奇趣,给人造成一种"天人感应"的神秘气氛,所以称之为"回音壁"。试分析天坛回音壁的回音声学原理。

知识拓展

声聚焦简介

声聚焦(sound focusing)指凹面对声波形成集中反射,使反射声聚集于某个区域,造成声音在该区域特别响的现象。声聚焦造成声能过分集中,使声能汇聚点的声音嘈杂,而其他区域听音条件变差,扩大了声场不均匀度,严重影响听众的听音条件。室内声源发声,声波碰到墙壁、天花板、地板均会产生反射,声反射遵从反射定律。入射声波碰到反射体是凹形表面,反射声则会集中在一起,形成声聚焦,这与光聚焦类似。声聚焦现象使声场分布不均匀。

KTV 包房一般要求室内各点声压级偏差小于 2 dB,并且各处声音感觉均匀,在装修时要避免尺寸较大的凹状墙面,以免出现声聚焦现象;为避免出现啸叫,音响相对的墙角上部应有一定的扩散构造,使声音不在墙角聚集。

很多大演播厅都是圆柱体加盖弧形球节点网架的玻璃顶,很容易受到穹顶声聚焦影响,产生严重的回声干扰,影响听闻,可以通过填充吸声棉或利用吸声腔体等消除。

声聚焦喇叭主要用于声音的宣传,能够像手电筒的光束一样将声音聚焦,应用在博物馆、展览馆、主题公园等很多场合,它的主要特点就是,能使各区播放的声音互不干扰,在双抛物线圆顶内声音音质最清晰,不受外界任何干扰。

声聚焦喇叭可配置红外感应功能,红外感应器控制自带的功放,可接任何发声设备。当有人走进声聚焦喇叭下方时,声聚焦喇叭自动播放出声音,当人离开后,自动停止播放声音。

声聚焦喇叭配置 CD 播放机,红外感应器控制 CD 播放机。当有人走进声聚焦喇叭下方时,播放机自动开机开始播放碟片,当人离开后播放机自动停机。

现在人们将超声波运用到临床医学上,获得了巨大成功。例如治疗癌症的"超声聚焦刀",就是利用超声波作为能源,很多束超声波从体外发射到身体里去,在发射透射过程中间发生聚焦,聚焦在一个点即肿瘤上,通过声波和热能转化,在 $0.5 \sim 1$ s 内形成一个 $70 \sim 100$ ℃高温治疗点,这个高温点好比是一个手术刀在切割肿瘤,焦点区的肿瘤无一幸免。超声聚焦刀使肿瘤组织产生凝固性坏死,失去增殖、浸润和转移能力。此机原理类似于太阳灶聚阳光于焦点处产生巨大能量,所以有人将超声聚焦比作一把体外操作、体内切割的"刀"。

超声波是一种机械波,不含放射线,对人体无任何伤害。超声刀治疗是一种无创伤治疗方法,治疗时不开刀、不穿刺、不流血、无任何创伤、不麻醉、疗效可靠,患者在接受治疗时毫无痛苦,与手术、化疗、放疗联合应用能获得最佳治疗效果。

实验 2-10　神奇的辉光球

自然界中存在着各种放电现象,如静电放电、火花放电、弧光放电、尖端放电等,极光也是一种放电现象。辉光球又称为电离子魔幻球,它在高压作用下能产生神奇的辉光放电现象。

【实验目的】

(1) 观察低压气体在高频强电场中产生辉光的放电现象。

（2）探究辉光放电原理。

（3）探究气体分子激发、碰撞、复合的物理过程。

【实验仪器】

辉光球如图 2-10-1 所示，它的外观为一个高强度的玻璃球壳，球内充有稀薄的惰性气体（如氩气等），玻璃球中央有一个黑色球状电极。球的底部有一块震荡电路板，通过电源变换器，将 12 V 低压直流电转变为高压高频电压加在电极上。它的内部电压很高，但我们知道常温下的玻璃是很好的绝缘体，所以人摸在上面不会有危险。

【实验原理】

图 2-10-1　辉光球实验装置图

辉光球发光是低压气体（或叫稀薄气体）在高频强电场中的放电现象。通电后，球的底部的震荡电路产生高频电压电场，由于球内稀薄气体受到高频电场的电离作用而发光，产生神秘色彩。由于电极上电压很高，故所发生的光是一些辐射状的辉光，绚丽多彩，光芒四射，在黑暗中非常好看。

辉光球工作时，在球中央的电极周围形成一个类似于点电荷的电场。当用手（人与大地相连）触及球时，球周围的电场、电势分布不再均匀对称，故辉光在手指的周围处变得更为明亮，产生的弧线顺着手的触摸移动而游动扭曲，随手指移动起舞。

【实验内容与步骤】

（1）打开电源开关，辉光球发光。

（2）用指尖触及辉光球，可见辉光在手指的周围变得更为明亮，产生的弧线顺着手的触摸移动而游动扭曲，随手指移动起舞。

【注意事项】

观察辉光现象时，只能手抚摸球体，不可敲击辉光球体，以免打破玻璃。

【实验报告要求】

请选择下述两个实验报告中的一个来完成。

（1）在理解辉光放电原理的基础上，通过查找资料，进一步了解北极光、南极光的形成条件，写一篇短文，向大家介绍这一自然现象。

（2）通过查找资料，进一步研究尖端放电原理，写一篇短文，介绍尖端放电与避雷针的工作原理。

【思考题】

（1）如果换一种气体充入辉光球内会有怎样的变化？

（2）了解日光灯的发光原理。

（3）了解尖端放电与避雷的工作原理。

（4）了解北极光、南极光现象及形成条件。

【参考资料】

[1] 陈健，朱纯. 物理课程探究性实验[M]. 上海：东南大学出版社，2007.

注：请登录广西科技大学大学物理实验教学中心网站，查询尖端放电与避雷工作原理、辉光放电原理及北极光、南极光的相关资料。

实验 2-11　激 光 监 听

监听的方法多种多样,早期是利用通信电路的漏磁进行监听。理论上,任何能引起周围电、磁、光、振动等物理量的变化,均有可能将信息传输出去。窃听技术,就是利用这些变化将接收的信号处理后,获取相关信息的。在实际应用中,要监听到戒备森严而不可能接近的房间的讲话声,可以用红外激光打到该房间的玻璃上从而实现监听。本实验用激光二极管发出的可见光进行模拟监听实验。激光监听具有良好的隐蔽性,因而激光监听技术在国家安全、公安侦破等领域中广泛应用。

【实验目的】

(1) 了解硅光电池的基本结构和基本原理。

(2) 了解激光的信号传递及监听原理。

(3) 了解光电池的应用。

【实验仪器】

光通信接收实验仪、硅光电池、扬声器箱、反射镜、激光器。

【实验原理】

本实验采用激光技术进行监听。若要听到周围戒备森严而人不可能接近的房间里的讲话

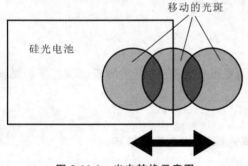

图 2-11-1　光电转换示意图

声,可以用一束肉眼看不见的红外激光打到该房间的玻璃窗上,由于讲话声引起玻璃窗的微小振动,使激光在玻璃窗上的入射点和入射角都发生变化,因而接收到激光的光斑的位置发生变化,如图 2-11-1 所示。光电池的输出电动势随着光斑的变化而变化,变化情况与讲话信号基本一致。变化的电动势包含声音信息,亦即包含信息的激光信号已转换成电信号,经过对信号放大并去除噪声,通过扬声器还原成声音。

【实验内容与步骤】

本实验以收音机为信号源,扬声器箱内的喇叭模拟人发声,外壳、反光镜相当于房间及玻璃窗。扬声器发声时,箱体及反射镜随声音而振动,其振动情况含有声音内容信息,当激光经反射后照在硅光电池上,经反射后的激光含有声音信息。

(1) 按图 2-11-2 所示连接实验装置。

(2) 调节激光器高度和射向镜面的角度,使经反射后的激光照射在硅光电池上,硅光电池距反射镜(被监听机箱)几米,调节激光器及光路,使光斑最小。

(3) 仔细调节激光器射向反射镜的角度、光斑在硅光电池上的位置和角度,直到接收的扬声器中听到的声音最清晰。

(4) 分别改变激光器的入射角、激光器到反射镜的距离、硅光电池到反射镜的距离,观察现象。

记录上述观察到的实验现象。

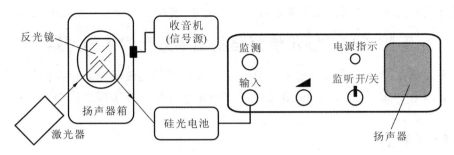

图 2-11-2　实验装置连接图

【实验报告要求】

(1) 写出实验过程及实验现象,说明其原理。

(2) 除本实验外,列举几个硅光电池的其他应用实例。

注:请登录广西科技大学大学物理实验教学中心网站,查询激光监听的相关资料。

知识拓展

硅光电池简介

硅光电池用半导体材料制成,多为面结合 PN 结型,靠 PN 结的光伏效应产生电动势。常见的半导体电池有硅光电池和硒光电池。

硅光电池的基本结构如图 2-11-3 所示。在纯度很高、厚度很薄(0.4 mm 以下)的 N 型半导体材料薄片的表面,采用高温扩散法把硼扩散到硅片表面极薄一层内形成 P 层,位于较深处的 N 层保持不变,在硼所扩散到的最深处形成 PN 结。从 P 层和 N 层分别引出正电极和负电极,上表面涂有一层防反射膜,其形状有圆形、长方形等。

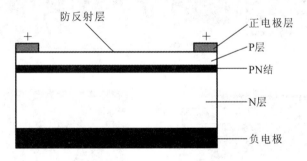

图 2-11-3　硅光电池的基本结构

当两种不同类型的半导体结合形成 PN 结时,由于接触面(PN 结)两边存在着载流子浓度的突变,必将导致电子从 N 区向 P 区和空穴从 P 区向 N 区扩散,扩散的结果是将在 PN 结附近产生空间电荷聚集区,从而形成一个由 N 区指向 P 区的内电场。当有光照射到 PN 结上时,具有一定能量的光子,会激发出电子-空穴对,在内部电场的作用下,电子被拉向 N 区,而空穴被拉向 P 区。结果在 P 区空穴数目增加而带正电,在 N 区电子数目增加而带负电,在 PN 结两端产生了光生伏特电动势,形成硅光电池的电动势。若硅光电池接有负载,电路中就有电流产生。这就是硅光电池的基本原理。单体硅光电池在阳光照射下,其电动势通常为 0.5～0.6 V,最佳负荷状态工作电压为 0.4～0.5 V,根据需要可将多个硅光电池串、并联使用。如果照射到硅光电池上的光照强度或照射面积发生变化,其输出电动势就随之发生变化。

实验 2-12　霍尔传感器测磁场分布的应用探索

磁场无处不在,但是我们无法感知。直观而形象的图形化磁场分布让我们易于理解。在各种各样的磁场中,如何测量磁场强度和磁场方向尤为必要。利用霍尔传感器就可以解决此问题。

【实验目的】

(1) 了解磁场分布基本概念,观察霍尔传感器的结构,研究其基本原理。

(2) 研究霍尔传感器直流激励及交流激励特性,并分析磁场分布。

【实验仪器】

CSY2001B 型传感器系统综合实验台、霍尔传感器实验模块、实验模块公共电路。

图 2-12-1(a)用到了电压表、直流源和音频信号源三个部分。电压表用来测量输出电压,直流源用来提供直流激励,音频信号源用来提供交流激励。图 2-12-1(b)中包括了霍尔传感器和测量电路两个部分。图 2-12-1(c)中所用到的电路包括移相器、相敏检波器和低通滤波器三个部分,此模块为交流激励测量时用。

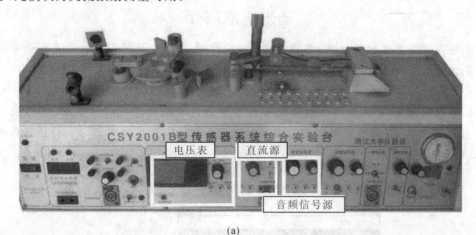

(a)

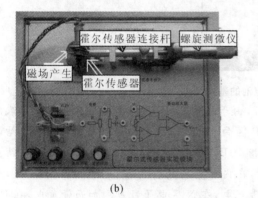

(b)

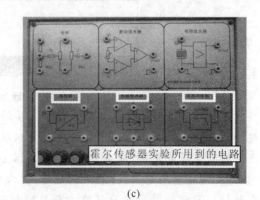

(c)

图 2-12-1　仪器实物图

(a) CSY2001B 型传感器系统综合实验台;(b) 霍尔传感器实验模块;(c) 实验模块公共电路

【课前思考题】

(1) 马蹄形磁铁的磁场分布情况如何？

(2) 开口相对的两个马蹄形磁铁的磁场分布情况如何？

【实验原理】

1. 霍尔效应

通常称一块半导体或导体材料为霍尔元件。霍尔元件放置于沿 Z 方向加以磁场 B 的环境中，沿 X 方向通以工作电流 I，则在 Y 方向产生出电动势 U_H，这一现象称为霍尔效应，其中 U_H 称为霍尔电压。

实验表明，在磁场不太强时，电位差 U_H 与电流强度 I 和磁感应强度 B 成正比，与霍尔元件的厚度 d 成反比，即

$$U_H = R_H \frac{IB}{d} \tag{2-12-1}$$

或

$$U_H = K_H IB \tag{2-12-2}$$

2. 霍尔传感器工作原理

如图 2-12-2 所示，磁场由两块磁铁靠近生成，霍尔传感器位于磁场中，在霍尔传感器上分别引出 4 条信号线，其中标有"I"的为激励信号线，标有"U_H"的为霍尔电压输出线。由式 (2-12-2) 可知，当 K_H 和 I 一定时，磁场强度 B 将与霍尔电压 U_H 成正比。当霍尔传感器在磁场中运动时，便可根据各点的磁场强度产生相应的霍尔电压。霍尔电压的大小反映了磁场强度的大小。

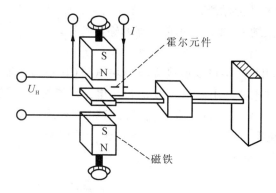

图 2-12-2 霍尔传感器

【实验内容与步骤】

1. 观察霍尔传感器结构

两个半环形永久磁钢形成的梯度磁场，半导体霍尔片可以在磁场中利用连接杆的带动作用，在螺旋测微仪的带动下运动。

2. 测量霍尔传感器的直流激励

在 +2 V 的直流激励下，测试霍尔传感器的输出特性。

1）连线

按照图 2-12-3 所示用灯笼接口线连接实验模块电路；用 ±12 V 实验模块电源线连接主机及霍尔传感器实验模块；直流源挡位选择开关置于"±2 V"处，连接实验模块"U_i2 V"位置至直流源"+U_o"；电压表挡位开关置于"20 V"处。连线确认无误后，打开主机电源，预热主机 2 min。

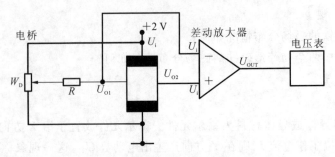

图 2-12-3　直流激励下霍尔传感器电路

2）调整

安装好螺旋测微仪,调节差动放大器增益适度(即在磁场边缘使其输出电压在 10 V 左右);调节霍尔元件位于梯度磁场中间位置(两个磁铁的中心位置),调节电桥 W_D,使系统输出(U_{OUT})为零(如不为零,可适度调节传感器位置)。

3）测量

从中点开始调节螺旋测微仪,左、右分别移动霍尔元件各 3.5 mm,每变化 0.5 mm 读取相应的电压值,并将数据记录在表 2-12-1 中。

表 2-12-1　数据记录 1

x/mm							0						
U_o/mV							0						

3. 霍尔式传感器的交流激励测试

在交流正弦信号的激励下,测试霍尔传感器的输出特性。

1）连线

按照图 2-12-4 所示用灯笼接口线连接实验模块电路(其中移相器、相敏检波器及低通滤波器要用到实验模块公共电路);用±12 V 实验模块电源线连接主、霍尔传感器实验模块及公共电路模块;连接实验模块相应位置至音频信号源"180°"(输出频率为 1 kHz,幅度严格限定在 U_{p-p} 值 5 V 以下,以免损坏霍尔元件),电压表挡位开关置于"20 V"处。连线确认无误后,打开主机电源,预热主机 2 min。

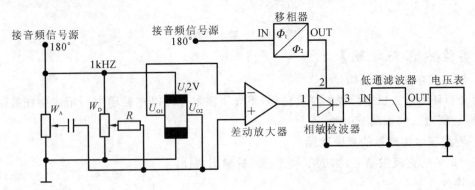

图 2-12-4　交流激励下霍尔传感器电路

2）调整

安装好螺旋测微仪,调节差动放大器增益适度;调节霍尔元件位于梯度磁场中间位置,调节电桥 W_D、W_A 使系统输出(U_{OUT})为零(如不为零,可适度调节传感器位置)。用示波器 A 通道监控相敏检波器输出端波形。

3）测量

从中点开始，调节螺旋测微仪，左、右分别移动霍尔元件各 3.5 mm，每变化 0.5 mm 读取相应的电压值，并将数据记录在表 2-12-2 中。

表 2-12-2　数据记录 2

x/mm						0							
$U_\circ$/mV						0							

4. 数据处理与数据研究

（1）在二维坐标系分别画出直流激励、交流激励下位移（mm）-霍尔电压（mV）曲线图，分析二者的线性效果。

（2）结合实验原理，分析位移量、霍尔电压、磁场强度三者之间的关系。

（3）画出磁场分布示意图。

【实验报告要求】

（1）写明本实验的目的与意义。

（2）记录所用仪器型号、使用方法。

（3）阐述实验原理。

（4）记录实验数据并按要求进行数据处理、分析。

（5）指出霍尔传感器在实际中的几个应用实例。

【思考题】

（1）本实验中霍尔元件位移的线性度实际上反映的是什么量的变化？

（2）试举例说明霍尔传感器的其他应用。

【参考资料】

[1] 孟立凡. 传感器原理与应用[M]. 北京：电子工业出版社，2007.

[2] 余成波，等. 传感器与自动检测技术[M]. 北京：高等教育出版社，2009.

拓展阅读4

显微技术简介

　　显微技术是利用光学系统或电子光学系统设备,观察肉眼所不能分辨的微小物体的形态、结构及其特性的技术。显微技术的设备是显微镜,目前主要有光学显微镜和电子显微镜。

1. 光学显微镜

　　光学显微镜是利用光学原理,把人眼所不能直接分辨的微小物体放大成像,以供人们提取微细结构信息的光学仪器。原始的光学显微镜是一个高倍率的放大镜。1610 年前后,意大利的伽利略和德国的开普勒在研究望远镜的时候,改变物镜和目镜之间的距离,得出合理的显微镜光路结构,制作具有目镜、物镜和镜筒等装置的显微镜。1872—1873 年,德国物理学家和数学家 E. 阿贝建立了光学显微镜的理论,镜头的制作可按预先的科学计算进行。德国化学家 O. 肖特成功地研制出制作透镜的优质光学玻璃,由此生产出的现代光学显微镜,达到了光学显微镜的分辨限度。从 19 世纪后期至 20 世纪 60 年代发展了许多类型的光学显微镜及许多特殊装置的显微镜,例如在细胞培养中特别有用的倒置显微镜。20 世纪 80 年代制造出了同焦扫描激光显微镜,可以直接观察活细胞的立体图,是光学显微镜发展的一大进步。

2. 电子显微镜

　　电子显微镜是根据电子光学原理,用电子束和电子透镜代替光束和光学透镜,使物质的细微结构在非常高的放大倍数下成像的仪器。

　　目前常见的电子显微镜有透射电子显微镜和扫描电子显微镜。第一台实用的透射电子显微镜是由 M. 诺尔和 E. 鲁斯卡于 1934 年研制成功的。它是用电子束作为照射源,用电子透镜代替玻璃透镜,整个系统需工作在高真空中,电子显微镜具有极高的分辨率,由最初的 500 Å 提高到小于 2 Å。到 20 世纪 50 年代,电子显微镜已广泛应用到生物学的研究中。20 世纪 60 年代,英国首先成功制造出扫描电子显微镜,它是利用物体反射的电子束成像的。扫描电子显微镜特别适用于研究微小物体的立体形态和表面的微观结构。20 世纪 70 年代以来,扫描电子显微镜发展很快,在固体样品上可反射多种电子,已成为研究物质表面结构的重要工具。目前,扫描电子显微镜的分辨率已达到 30~50 Å。电子显微镜的另一个发展是超高压电子显微镜,以增加分辨率和对原样品的穿透力。

　　不论是光学显微镜还是电子显微镜,用显微镜进行科学研究,必须将研究对象(样品)作一定的处理。光学显微镜和透射电子显微镜的显微样品的制备方法类似,用切片的方法获得;扫描电子显微镜的样品制备方法是,对干燥的样品进行金属涂膜,使样品表面导电。电子显微镜的分辨能力虽已远优于光学显微镜,但电子显微镜因需在真空条件下工作,所以很难观察活的生物,而且电子束的照射也会使生物样品受到一定的辐照损伤。

3. 图像的处理

　　用光学显微镜所观察到的图像通常直接为肉眼所接收和识别,而用电子显微镜所观察到显微图像及其显示的信息通常不能直接接收和识别。因此必须对电子显微镜所获得的信息进行处理后,才能对所观察到的结果作出正确的分析、判断和描述。

4. 显微技术的应用

　　18—19 世纪,显微技术的发展推动了生物学、医学的发展,特别是细胞学的迅速发展。在进行细胞学、组织学、胚胎学、微生物学等的研究中,显微技术是一个主要手段。电子显微镜的发明使显微水平发展到超显微水平,使细胞的研究从形态描述发展到研究细胞的生命活动规律。

在医疗诊断中,显微技术已被用为常规的检查方法,如对血液、寄生虫卵、病原菌等的检查等。利用显微技术作病理的研究已发展为一门专门的学科——细胞病理学,它在癌症的诊断中特别重要。某些遗传病的诊断,已离不开用显微技术作染色体变异的检查。此外,在卫生防疫、环境保护、病虫害防治、法医学、矿物学等方面,都有广泛的应用。

第3章 综合性实验

综合性实验是指在同一个实验中涉及力学、热学、电磁学、光学、近代物理等多个知识领域，综合应用多种方法和技术的实验。这类实验通过实验内容、方法、手段的综合，掌握综合的知识，培养综合考虑问题的思维方式，培养学生运用综合的方法、手段分析问题、解决问题的能力，培养学生数据处理以及查阅中外文资料的能力，达到能力和素质的综合培养与提高。

此类实验的目的是巩固学生在基础性实验阶段的学习成果，开阔学生的眼界和思路，提高学生对实验方法和实验技术的综合运用能力。根据教育部高等学校物理学与天文学教学指导委员会物理基础课程教学指导分委员会制定的《理工科类大学物理实验课程教学基本要求》，各校应根据各校的实际情况设置该部分实验内容（考虑综合的程度、综合的范围、实验仪器、教学要求）。

实验 3-1 液晶电光效应

液晶在物理、化学、电子、生命科学等诸多领域有着广泛的应用，在日常生产和生活中占据着越来越重要的地位。常见的应用有光导液晶光阀、光调制器、液晶显示器件、各种传感器、微量毒气检测、夜视仿真等，尤其液晶显示器件早已广为人知，独占了电子表、手机、笔记本电脑等领域。液晶在不同领域的应用都是利用它的一些独特性质，其中液晶显示器件、光导液晶光阀、光调制器、光路转换开关等均是利用液晶电光效应的原理制成的。

【实验目的】

（1）了解液晶电光效应和简单的液晶显示原理。

（2）测定液晶样品的电光曲线，能够根据电光曲线定性说明液晶显示原理。根据电光曲线求出样品的阈值电压、饱和电压、对比度、陡度等参数。

【实验仪器】

液晶电光效应实验仪主要由控制主机部分和导轨部分组成，分别如图 3-1-1 和图 3-1-2 所示。

图 3-1-1　FD-LCE-1 液晶电光效应实验仪
控制主机面板

图 3-1-2　FD-LCE-1 液晶电光效应实验仪
导轨部分

主机部分包括方波发生器、方波有效值电压表、光功率计。主机控制面板左下方为电源开关，左边部分为电压表，用于控制液晶盒的外加电压，电压调节旋钮可以改变外加电压值，实验中一般控制在 12 V 以下。面板右边部分为光功率计，用于检测通过检偏器的光强，有 $200\ \mu W$

和 2 mW 两挡,灰色旋钮用于调零。

导轨部分从右到左依次为半导体激光器、起偏器、液晶盒、检偏器及光电探测器(连接在一起)。各部件都与滑块连接,可在导轨上移动。以上各部分的高度和相互之间的距离都可以调节。

【实验原理】

1. 液晶简介

液晶态是一种介于液体和晶体之间的中间态,既有液体的流动性、黏度等性质,又有晶体的热、光、电、磁等物理性质。液晶与液体、晶体的区别是:液体是各向同性的,分子取向无序,液晶分子取向有序,但位置无序,而晶体二者均有序。

就形成液晶方式而言,液晶可分为热致液晶和溶致液晶。热致液晶又可分为近晶相、向列相和胆甾相,其中向列相液晶是液晶显示器件的主要材料。

液晶分子是在形状、介电常数、折射率及电导率上具有各向异性特性的物质,如果对这样的物质施加电场,液晶分子取向结构将发生变化,它的光学特性也随之变化,这就是通常说的液晶的电光效应。

液晶的电光效应种类繁多,主要有动态散射型(DS)、扭曲向列相型(TN)、超扭曲向列相型(STN)、有源矩阵液晶显示(TFT)和电控双折射(EBC)等。其中应用较广的如 TFT 型主要用于液晶电视、笔记本电脑等高档电子产品;STN 型主要用于手机屏幕等中档电子产品;TN 型主要用于电子表、计算器、仪器仪表、家用电器等中低档产品,是目前应用最普遍的液晶显示器件。

TN 型液晶显示器件原理较简单,是 STN、TFT 等显示方式的基础。本实验所使用的液晶样品即为 TN 型。TN 型液晶盒是在覆盖透明电极的两玻璃基片之间,夹有正介电各向异性的向列相液晶薄层,四周用环氧树脂密封。玻璃基片内侧覆盖着一层定向层,通常是一薄层高分子有机物,经定向摩擦处理,可使棒状液晶分子平行于玻璃表面,沿定向处理的方向排列。上下玻璃表面的定向方向是相互垂直的,这样,盒内液晶分子的取向逐渐扭曲,从上玻璃片到下玻璃片扭曲了 90 度,所以称为扭曲向列型。

2. 扭曲向列型电光效应

对 TN 型液晶盒,在无外电场作用的情况下,当线偏振光垂直玻璃表面入射时,若偏振方向与液晶盒上表面分子取向相同,则线偏振光将随液晶分子轴方向逐渐旋转 90 度,平行于液晶盒下表面分子轴方向射出(液晶盒上下表面各附一片偏振片,其偏振方向与液晶盒表面分子取向相同,因此光可通过偏振片射出)。若入射线偏振光偏振方向垂直于上表面分子轴方向,出射时,线偏振光方向也垂直于下表面液晶分子轴,我们称这种现象为 90 度旋光性。当以其他线偏振光方向入射时,则根据平行分量和垂直分量的相位差,以椭圆、圆或直线等某种偏振光形式射出。

当对液晶盒施加的电压达到一定数值时,液晶分子长轴开始沿电场方向倾斜,电压继续增加到另一数值时,除附着在液晶盒上下表面的液晶分子外,所有液晶分子长轴都按电场方向进行重新排列,TN 型液晶盒在无外电场作用时的 90 度旋光性随之消失。

本次实验利用以上原理,将液晶盒放在两片平行偏振片之间,其偏振方向与上表面液晶分子的取向相同,不加电压时,入射光通过起偏器形成的线偏振光,经过液晶盒后偏振方向随液晶分子轴旋转 90 度,不能通过检偏器;施加电压后,透过检偏器的光强与施加在液晶盒上的电压大小有一定的关系,这是本次实验中要定量测量的。

根据以上介绍的原理,我们可以简单解释液晶双色显示原理:当下表面所附偏振片偏振方向与下表面分子取向垂直(即与上表面平行)时,则为所谓的黑底白字的常黑型显示。不通电时,光不能透过液晶盒(实际应用中的液晶屏),为黑态;通电时,光可通过液晶盒,为白态。若偏振片偏振方向与下表面分子取向相同,则现象正好相反,为白底黑字的常白型。如果需要显示出各种数字、字符和图案,只要有选择地在需要显示的部位施加电压即可。

【实验内容与步骤】

(1) 打开半导体激光器,调节各元件高度,使激光依次穿过起偏器、液晶盒、检偏器,打在光电探测器的通光孔上。

(2) 接通主机电源,拔下电压表输出导线,用不透明物体遮挡住电光探测器的探测孔,然后将光功率计调零,选用 0~2 mW 挡。用导线连接光功率计和光电探测器,此时光功率计显示的数值为透过检偏器的光强大小。旋转检偏器,观察光功率计数值变化,若最大值小于 200 μW,可旋转起偏器或半导体激光器,使最大透射光强大于 200 μW。最后旋转检偏器至透射光强值达到最小。

(3) 连接电压表输出线,将电压表调至零点,用红黑导线连接主机和液晶盒,从 0 开始逐渐增大电压,观察光功率计读数的变化趋势,定性观察是否有电光效应出现。电压调至最大值后归零。

(4) 从零开始逐渐增加电压,0~2.5 V 每隔 0.2 V 或 0.3 V 记录一次电压及透射光强值,2.5 V 后每隔 0.1 V 左右记录一次数据,6.5 V 后再每隔 0.2 V 或 0.3 V 记录一次数据。(注意:调节电压后,应等待一段时间,待光功率计读数稳定后再记录数据)

(5) 演示黑底白字的常黑型 TN-LCD:电压调至 0 V,光功率计显示为最小,即黑态;将电压调至 6~7 V,连通液晶盒,光功率计显示最大数值,即白态。

(6) 自配数字或字符型液晶片演示,有选择地在各段电极上施加电压,显示出自己设计的数字或图案。(选做)

(7) 查找资料,自接数字存储示波器,测试液晶样品的电光响应曲线,求出样品的响应时间。(选做)

【实验报告要求】

记录实验步骤及实验数据,按照上述数据处理的要求进行数据处理,并自己查找资料,写一篇关于液晶电光效应应用的短文。

【注意事项】

(1) 不要挤压液晶盒中部;保持液晶盒表面清洁,不能有划痕,防止受阳光直射。
(2) 不要直视激光器。
(3) 驱动电压不能为直流。

【数据记录与数据处理】

(1) 根据测量数据作出电光曲线图,以纵坐标为透射光强值,以横坐标为外加电压值。

(2) 根据作好的电光曲线图,求出样品的阀值电压 U_{th}(最大透光强度的 10% 所对应的外加电压值)、饱和电压值 U_r(最大透光强度的 90% 所对应的外加电压值)、对比度 $D_r(D_r=I_{max}/I_{min})$ 及陡度 $\beta(\beta=U_r/U_{th})$。

【思考题】

根据自己了解的偏振光的相关知识,解释一下为什么旋转起偏器可以决定透射光的光强最大值。

【参考资料】

[1] 祁建霞.扭曲向列相型液晶电光效应的实验研究[J].北京联合大学学报,2009,

17(11):20-24.

[2] 徐斌.胆甾相液晶电光效应实验研究[J].龙岩学院学报,2006,28(8):31-35.

实验 3-2　多种衍射综合实验

光的衍射现象是光的波动性的重要表现,并在生活中有实际的应用,如测细缝的宽度、细丝的直径、微小的位移和小圆孔的直径等。单丝、单缝和小孔衍射实验是高校理工科基本光学实验之一。本实验要求通过观察单丝、单缝和圆孔的夫琅禾费衍射现象,以及丝径、缝宽、孔径变化对衍射的影响,并进行相应的测量,加深对光的衍射现象的理解和掌握。

【实验目的】

(1) 观察单缝、单丝、圆孔、圆屏等多种衍射现象。

(2) 测量细丝直径。

(3) 测量细缝宽度。

(4) 测量单缝、单丝的衍射强度分布。(选做)

【实验仪器】

FD-OD-1 型单缝、单丝衍射光强分布实验仪,做单缝、单丝衍射实验时,实验仪由光具座(带标尺)、半导体激光器、衍射元件(单缝、单丝)、光功率计(提供光源)和观察屏组成,其实物图如图 3-2-1 所示。

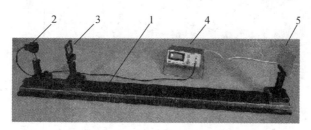

图 3-2-1　单缝、单丝衍射实验装置

1—光具座(带标尺);2—半导体激光器;

3—衍射元件(单缝、单丝、圆孔、圆屏);4—光功率计(提供光源);5—观察屏

做单缝、单丝衍射光强分布实验时,实验仪由光具座(带标尺)、半导体激光器、衍射元件(单缝、单丝)、探测器(硅光电池)和光功率计(同时提供光源)组成,其实物图如图 3-2-2 所示。

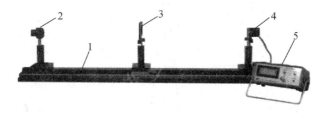

图 3-2-2　单缝、单丝衍射光强分布实验装置

1—光具座(带标尺);2—半导体激光器;3—衍射元件(单缝、单丝);

4—探测器(硅光电池);5—光功率计(同时提供光源)

【课前思考题】

(1) 什么是衍射?

(2) 菲涅尔衍射和夫琅禾费衍射的区别是什么?

（3）细丝直径测量方法有多种,如读数显微镜测量法、千分尺直测法、劈尖干涉法及衍射法等,试分析各种方法的优缺点。

【实验原理】

1. 光的衍射现象

单色点或线可见光源通过与光波波长可以比拟的衍射元件,如狭缝、小孔时,在离衍射元件足够远处,可观察到明显的光线偏离直线传播方向进入几何影区,在光衍射元件附近或较远处放一观测屏,可呈现一系列明、暗相间的条纹。通常将这种光线"绕弯"进入几何影区的现象称为光的衍射。

光的衍射实验装置主要由光源、衍射元件和观察屏等,在光学平台上组装而成。依据光路中的三要素即光源、衍射元件和观察屏间距离大小,将光衍射效应大致分成两种典型的光衍射图样。当光源和接收屏幕距离衍射屏有限远时,这种衍射为菲涅耳衍射;当光源和接收屏幕都距离衍射屏无穷远时,这种衍射为夫琅禾费衍射。为满足夫琅禾费衍射的条件,必须将衍射屏放置在两个透镜之间,本实验研究夫琅禾费衍射,采用激光器为光源。由于激光束平行度较佳,即光的发散角很小,所以光源与衍射元件间可省略透镜。

2. 单缝夫琅禾费衍射

点光源发出的光经过透镜后成为平行光,再照射到单缝上,单缝夫琅禾费衍射实验光路图及光强分布分别如图 3-2-3 和图 3-2-4 所示。

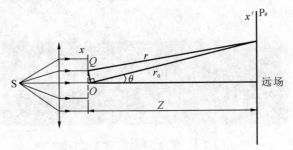

图 3-2-3　单缝夫琅禾费衍射实验光路图

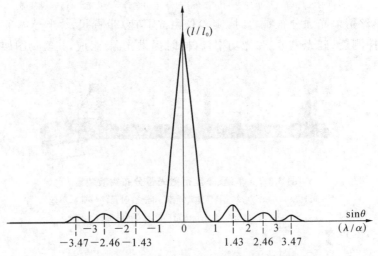

图 3-2-4　单缝夫琅禾费衍射光强分布谱示意图

形成暗纹的条件为

$$a\sin\theta = \pm 2k\frac{\lambda}{2} \quad (k = 1,2,3,\cdots) \tag{3-2-1}$$

式中,a 为缝宽,θ 为衍射角。

3. 用单缝夫琅禾费衍射测缝宽

在远场条件下即单缝至屏距离 $Z \gg a$ 时,θ 很小,此时 $\sin\theta \approx \tan\theta = \dfrac{x_k}{Z}$,所以各级暗条纹衍射角应为

$$\sin\theta = \frac{k\lambda}{a} \approx \frac{x_k}{Z} \tag{3-2-2}$$

所以单缝的宽度为

$$a = \frac{k\lambda Z}{x_k} \tag{3-2-3}$$

式中,k 是暗条纹级数,Z 为单缝至屏之间的距离,x_k 为第 k 级暗条纹距中央主极大中心位置距离。已知波长 $\lambda = 650.0$ nm,测出单缝至光屏距离 Z、第 k 级暗纹离中央亮纹之间的距离 x_k,便可由公式(3-2-3)求出缝宽 a。

4. 用单丝夫琅禾费衍射测细丝直径

根据巴比涅互补原理,单丝的衍射图样与其互补的单缝衍射图一样,所以,将单缝换为细丝,接收屏上的夫琅禾费衍射图样与同宽度的单缝衍射图样是一样的。同理,单丝直径可也由公式(3-2-3)即 $a = \dfrac{k\lambda Z}{x_k}$ 计算,式中 a 为单丝直径,其他量与上面所提到的相同。

5. 测量单丝、单缝衍射的光强分布(选做)

采用如图 3-2-2 所示的单缝、单丝衍射光强分布实验装置,可测量单丝、单缝衍射光强分布。

6. 圆孔衍射与光学仪器分辨本领(选做)

光通过小圆孔时,也会产生衍射现象,如图 3-2-5(a)所示。当单色平行光垂直照射小圆孔时,在透镜 L 的焦平面处的屏幕 P 上将出现中央为亮圆斑、周围为明暗交替的环形衍射图样,如图 3-2-5(b)所示,中央光斑较亮,称为艾里斑。

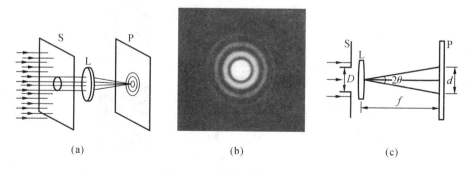

(a)　　　　　　　　　　　　(b)　　　　　　　　　　　　(c)

图 3-2-5　圆孔衍射与艾里斑

(a) 圆孔衍射;(b) 衍射图样;(c) 艾里斑对透镜中心的张角与圆孔直径、单射光波长的关系

1) 圆孔(圆屏)直径的测量

设艾里斑的直径为 d,圆孔直径为 D,透镜焦距为 f,艾里斑对透镜光心的张角为 2θ,单色光波长为 λ,如图 3-2-5(c)所示,在满足夫琅禾费衍射的条件下得

$$2\theta = \frac{d}{\lambda} = 2.44\frac{\lambda}{D} \qquad (3\text{-}2\text{-}4)$$

即
$$D = \frac{2.44\lambda}{2\theta} \qquad (3\text{-}2\text{-}5)$$

根据式(3-2-5),在已知单色光波长的情况下,只要测出艾里斑对透镜光心的张角 2θ,即可计算小圆孔的直径。

根据巴比涅互补原理,圆屏的衍射图样与其互补的圆孔的衍射图样一样,同理可根据式(3-2-5)计算出圆屏的直径。

2) 光学仪器分辨本领

光学仪器中的透镜、光阑等都相当于一个透光的小圆孔,从几何学的观点来说,物体通过光学仪器成像时,每一物点有一对应的像点,但由于光的衍射,像点已不是一个几何的点,而是有一定大小的艾里亮斑。对于两个相距很近的物点,其相对应的两个艾里斑就会互相重叠甚至无法分辨出两个物点的像,也即光的衍射现象使光学仪器的分辨能力受到了限制。

图 3-2-6(b)中,两点光源 S_1 和 S_2 的距离恰好使两个艾里斑中心的距离等于每一个艾里斑的半径,两衍射图样重叠部分的中心处的光强,约为单个衍射图样的中央最大光强的 80%,两物点刚好能被人眼或光学仪器所分辨,此时两物点 S_1 和 S_2 对透镜光心的张角 θ_0 叫做最小分辨角,由式(3-2-4)得

$$\theta_0 = \frac{1.22\lambda}{D} \qquad (3\text{-}2\text{-}6)$$

图 3-2-6(a)中,$\theta > \theta_0$,两衍射图样虽有部分重叠,但重叠部分的光强较艾里斑的中心处的光强要小,因此,两物点的像能够分辨清楚;图 3-2-6(c)中,$\theta < \theta_0$,两个衍射图样重叠而混为一体,两物点无法分辨出来。

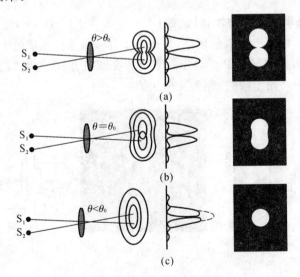

图 3-2-6　光学仪器的分辨本领

(a) 能分辨;(b) 恰能分辨;(c) 不能分辨

在光学中,光学仪器的最小分辨角的倒数 $1/\theta_0$ 称为仪器的分辨本领。由式(3-2-6)知,仪器的分辨本领与波长成反比,与仪器的透光孔径 D 成正比。

【实验内容】

（1）观察单缝、单丝的衍射图样。

（2）观察圆孔的衍射图样。

（3）测量细丝的直径（或细缝的宽度）。

（4）自行设计不同形状的衍射元件（如三角形、正方形、矩形），并观察其衍射图样。（选做）

（5）测量单丝、单缝衍射光强分布。（选做）

（6）测量圆孔衍射与光学仪器分辨本领。（选做）

【实验步骤】

（1）调节光路。将激光器、衍射元件和观测屏放置和调整好，使在观测屏上的激光光点最圆、最清晰。

（2）观察各种衍射图样。更换各种衍射元件（如单缝、单丝、小圆孔或圆屏等），调节衍射元件的位置，使屏上看到清晰衍射图样并观察之。

（3）测量单丝直径（或单缝宽度）。放好待测单丝（或单缝），并调出相应的衍射图样，测出单丝（或单缝）离光屏的距离 Z，第二级、第三级、第四级暗纹离中心亮纹的距离（左右对称级均测）。自拟表格记录测量数据。

（4）利用公式（3-2-3）计算出单丝直径（或缝宽）的平均值，用公式

$$U_r = \sqrt{\left(\frac{U_Z}{Z}\right)^2 + \left(\frac{U_{x_k}}{x_k}\right)^2} \quad （取 k 最小时的数据进行计算）$$

计算出相对不确定，并由式 $U_a = a \cdot U_r$ 计算出 U_a，最后得出测量结果：

$$\begin{cases} a = \overline{a} \pm U_a \\ U_r = \dfrac{U_o}{\overline{a}} \times 100\% \end{cases} \quad (P = 68\%)$$

（5）自行设计不同形状的衍射元件（如三角形、正方形、矩形），并观察其衍射图样。（选做）

（6）测量单丝、单缝衍射光强分布。（选做）

（7）测量圆孔衍射与光学仪器分辨本领。（选做）

【实验报告要求】

（1）阐明本实验的基本原理及所用仪器装置。

（2）记录实验的全过程，包括实验步骤、各种实验现象和数据处理等。

（3）对实验结果进行分析、研究和讨论。

【思考题】

（1）单缝、单丝、圆孔、圆屏衍射现象的特点。

（2）如果入射光是复合光，将会看到什么现象？

（3）在天文观察上，采用直径很大的透镜，目的何在？

（4）既然夫琅禾费衍射要求光源、观察屏均离衍射元件无限远，那么我们实际中怎么还才能做出夫琅禾费衍射实验呢？

【参考资料】

[1] 李学慧.大学物理实验[M].北京：高等教育出版社，2005.

[2] 倪新蕾.大学物理实验[M].广州：华南理工大学出版社，2006.

［3］马文蔚.物理学(下册)［M］.第 5 版.北京:高等教育出版社,2006.

实验 3-3　光纤通信综合实验

光纤通信是指以光导纤维为传输介质,以光为载波来传递信息,实现通信的一种通信方式。自 20 世纪 70 年代后期研究起步以来,光纤通信仅经历十余年时间即实现了由实验室研究向市场的转换,并取得迅速发展,已逐步取代有线电通信,成为公认的最具发展前途的通信手段,目前光纤通信占据了世界通信总量的 80% 以上。

与传统的电通信相比,光纤通信具有以下优点:宽带宽,传输的信息量大;传输损耗小,中继距离长且误码率小;光纤质量轻,体积小;抗干扰性能好,光泄漏小,保密性能好;节约金属材料,有利于资源合理使用。目前,光纤通信技术不断地创新和发展:光纤从多模发展到单模;工作波长从 850 nm 发展到 1310 nm 和 1550 nm;传输码率从几十 Mb/s 发展到几十 Gb/s。

20 世纪 90 年代以来,我国光通信产业发展极其迅速,特别是随着广播电视网、电力通信网、电信干线传输网等的迅速扩展,光纤通信已成为我国主要的通信手段,在通信传输干线上全面取代了电缆,因特网和无线移动通信网都必须以光纤网为基础而运行,可以说人们的生活与光纤通信息息相关。随着网络的普及和通信技术的发展,如农村宽带的建设、移动通信网的建设等,光纤通信将在通信领域中占有越来越重要的地位。

Ⅰ　光纤通信原理

【实验目的】

通过观察光纤通信实验现象,了解光纤通信原理。

【实验仪器】

仪器可实现声音、图像、波形数据的光纤传输,如图 3-3-1 所示,仪器面板左上方为光纤,左下角区域为功能选择键区域,具体使用方法详见实验内容,右下角为液晶显示屏,用于输出图像信息。

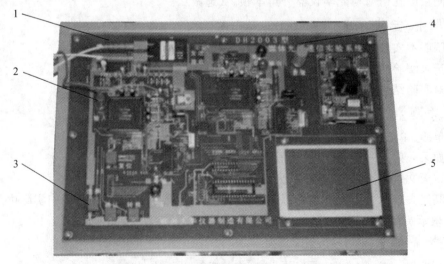

图 3-3-1　DH2003 型光纤通信实验仪面板图
1—光纤;2—声音输入;3—功能选择按键区;4—音量调节旋钮;5—液晶显示屏

【实验原理】

实验系统由光纤数据发送和光纤数据接收两部分组成,发送端分成数据采集、数据压缩、数据编码、数据光纤发送等,接收端分成数据光纤接收、数据解码、解压缩、输出等。

光纤传输原理框图如图 3-3-2 和图 3-3-3 所示。

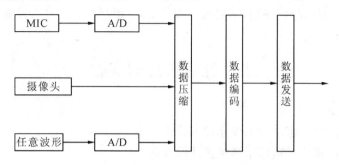

图 3-3-2　数据光纤发送框图

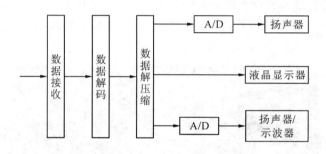

图 3-3-3　数据光纤接收框图

【实验内容与步骤】

(1) 把光纤两头分别插在实验箱的黑色光纤接发模块中,没有方向要求,注意不要损坏光纤头。

(2) 确认以上操作已无误后,打开电源,实验箱上的红色指示灯亮,液晶显示器显示"图像"、"声音"、"波形"的显示界面,按选择键,依次选择图形功能、语音功能、任意波形功能,选中的功能呈反色显示,若按下复位键仍无法进行选择,则检查光纤连接是否正常。按"确认"键,选中相应的功能进入操作。

(3) 选择声音功能,接上麦克风,对准麦克风讲话或吹气,从实验箱侧面的扬声器将会有相应的声音输出,声音的大小可以通过实验箱上的调节旋钮进行调节。

自接示波器,把输出接到示波器上来观察声音波形。(选做)

注意麦克风不要离扬声器太近,同时输出调节旋钮也不要加到太大,以免输入信号和扬声器的输出信号互相干扰,对系统形成正反馈,发出刺耳声音,影响输出声音效果。

(4) 按"复位"键使系统复位,选择图像功能。在摄像头前方适当位置(3~5 cm,正对摄像头)放一幅黑白对比度大的图(或文字,大号字体),按"确认"键,过一段时间后,可看见对应图像在液晶显示屏显示出来。

(5) 把信号发生器接到实验箱的波形信号输入端,示波器连接到波形信号输出端,先按"复位"键使系统复位,选择波形功能。打开信号发生器电源,输入一种波形信号(信号的幅值不要太大,最好不要超过 1.5 V,实验时可以逐渐加大信号幅值,同时输入信号及探头的阻抗要与实验系统相匹配,否则可能造成波形失真),扬声器即可听到单频声音(声音的大小可以通过实验箱上的调节旋钮进行调节),示波器上也可以看见相应的波形。改变信号的幅值和频率,示波器和扬声器的输出将随之改变。(选做)

【实验注意事项】

不要弯折光纤,操作时要仔细,不要损坏光纤头,一般情况下不要经常拔下光纤,以免造成接触不良。

Ⅱ　光纤传感器实验

【实验目的】

(1) 了解光纤位移传感器的工作原理和性能。
(2) 了解光纤位移传感器用于测量转速的方法。

【实验仪器】

DH2003 型光纤传感实验仪如图 3-3-4 所示,仪器左边从上到下依次为频率表、电压表;仪器右边从上到下依次为光纤传感器、电机、测微头,右下角为转速调节电位器。

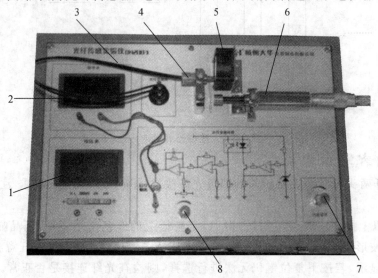

图 3-3-4　DH2003 型光纤传感实验仪
1—电压表;2—频率表;3—光纤;4—光纤探头;5—风扇;
6—测微头;7—风扇转速调节旋钮;8—调零旋钮

频率表用于测定转速实验,显示值即为频率值。电压表有三挡,分别为 200 mV、2 V、20 V,根据实验需要选择合适的挡位。电机表面有两个反射区域(亮白色区域),所以实验中测速点数为 2。测微头的使用方法和读数方法与螺旋测微器相同。转速调节旋钮用于调节电机转速,右旋时电机转速增大,左旋时转速减小,直至停止转动,实验时转速不要太大,实验完成后请将转速调为零。

【实验原理】

本实验采用两束光纤混合,其中一束光纤端部与光源相接发射光束,另一束端部与光电转换器相接接收光束。两光束混合后的端部是工作端,也称为探头。

在光纤传感器的位移特性实验中,探头与被测体相距 x,由光源发出的光传到端部发射后再经被测体反射回来,另一束光纤接收光信号,并由光电转换器转换成电量,而光电转换器转换的电量大小与间距 x 有关,因此可用于测量位移。

在光纤传感器的测速实验中,旋转体表面有相互间隔的黑白区域,这两种区域反射光的强度有明显区别。光纤位移传感器随被测旋转体反射光的明显变化会产生电脉冲,由频率计读出频率,再根据转盘上的测速点数可以算出转速值 n。

【实验内容与步骤】

1. 光纤传感器的位移特性实验

(1) 安装光纤位移传感器及测微头,使光纤探头与测微头正对,两束光纤插入实验板上的座孔上并固定。

(2) 将光纤实验模板输出端 u_0 与电压表正极相连。电压表负极接地。

(3) 调节测微头,使探头与反射面圆平板刚好接触。

(4) 打开电源开关,切换开关选择 20 V 挡,调节 R_w,使数显表显示为零。

(5) 旋转测微头,被测体离开探头,每隔 0.1 mm 读出数显表值,将数据填入表 3-3-1 中。

表 3-3-1 光纤位移传感器输出电压与位移数据表

x/mm						
U/V						

2. 光纤传感器测速实验

(1) 将光纤传感器装在传感器支架上,使光纤探头与电机转盘平台中反射点对准。

(2) 将光纤传感器实验模板输出端 u_0 与电压表正极相接,数显表的切换开关选择 20 V 挡,用手转动圆盘,使探头避开反射面,打开电源开关,调节 R_w 使数显表显示为零,再将数显表的切换开关选择 2 V 挡,调节 R_w 使数显表显示接近为零,然后再将数显表的切换开关选择 200 mV 挡,调节 R_w 使数显表显示接近为零(但不小于零),将 u_0 与频率表"+"端相接,实验模板的地与频率表"一"端相接。

(3) 调节转速调节电位器,使电机开始转动,记下频率表的读数,根据转盘上的测速点数折算成转速值 n(n = 60 × 频率表显示值/转盘上的测速点数)。

[选做]自接示波器,用示波器在信号输出端观察输出波形,调节光纤与电机反射点的距离和位置,调节电位器 R_w,改变光纤的参考电压输出,使示波器显示的方波无明显失真。

【数据记录与处理】

(1) 在光纤传感器的位移特性实验中,在以 x 为横轴,以 U 为纵轴作出光纤位移传感器的位移特性图,找出线性区域。

(2) 在光纤传感器测速实验中,任意纪录三个频率值,分别计算该频率值对应的转速。

【实验报告要求】

(1) 记录在光纤通信原理实验中的实验步骤观察到的实验现象,并自己查找资料,结合实验现象解释光纤通信的信号传输原理。

(2) 记录光纤传感器实验中的实验步骤,按照的数据处理要求,分别处理位移特性实验和测速实验中的实验数据。

【参考资料】

[1] 李端勇,等. 大学物理实验提高篇[M]. 北京:科学出版社,2009.

[2] 陈明,等. 四级物理实验[M]. 北京:科学出版社,2006.

实验 3-4　声速测量实验

声波是声振动在弹性介质中传播形成的纵波。人耳能感知的声波频率在 20~20000 Hz 之间,频率低于 20 Hz 的声波称为次声波,超过 20000 Hz 的声波称为超声波。声波在介质中的传播速度与声波的频率无关,只取决于介质本身的特性及状态等因素。因此通过测量介质中的声速,可以了解被测介质的特性或状态变化,因而声速测量在无损检测、测距和定位、气温变化测定、密度测定、液体流速测量、材料弹性模量测量等领域有着广泛应用。

声音在不同类型的介质中的传播速度有较大差异。在 1 个标准大气压下,温度为 15 ℃ 时,空气中的声速约为 340 m/s。而由于液体、固体的分子排列较紧密,声波在液体和固体中传播时的声速一般大于空气中的声速,声音在水中的传播速度大约是在空气中的 5 倍,在钢中的传播速度是在空气中的 20 倍。本次实验测量的是空气和水中的声速。

【实验目的】

(1) 会用时差法测量声速。

(2) 了解共振干涉法(驻波法)、相位法测量声速的原理。

【实验仪器】

SV-DH 系列声速测试仪由声速测试架(见图 3-4-1)及信号源(见图 3-4-2)两部分组成。

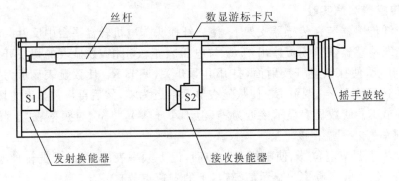

图 3-4-1　SV-DH-5 声速测试架结构图

图 3-4-2　SVX-5 声速测试仪信号源面板

面板上的信号频率旋钮用于调节输出信号的频率;发射强度旋钮用于调节输出信号电功率(电压),仅对于连续波有效;接收增益旋钮用于调节仪器内部的接收增益。

【实验原理】

1. 时差法测量原理

连续波经脉冲调制后由发射换能器发射至被测介质中,声波在介质中传播,经过 t_1 时间后,到达 L_1 距离处的接收换能器。移动接收换能器,使它相距发射换能器距离为 L_2,声波传播到接收换能器所需时间为 t_2。由牛顿运动定律可知,声波在介质中传播的速度可由以下公式求出:

$$v = \frac{L_2 - L_1}{t_2 - t_1}$$

2. 共振干涉法(驻波法)测量声速(选做)

假设在自由声场中,仅有一个点声源(发射换能器 S1)和一个接收平面(接收换能器 S2)。当点声源发出声波后,在此声场中只有一个反射面(即接收换能器平面),并且只产生一次反射。

在上述假设条件下,发射波

$$y_1 = A_1 \cos\left(\omega t + \frac{2\pi x}{\lambda}\right)$$

在 S2 处产生反射,反射波

$$y_2 = A_2 \cos\left(\omega t - \frac{2\pi x}{\lambda}\right)$$

信号相位与 y_1 相反,幅度 A_2 小于 A_1。y_1 与 y_2 在反射平面相交叠加,合成波束 y_3,即

$$y_3 = y_1 + y_2 = A_1 \cos\left(\omega t + \frac{2\pi x}{\lambda}\right) + A_2 \cos\left(\omega t - \frac{2\pi x}{\lambda}\right)$$

$$= 2A_1 \cos\frac{2\pi x}{\lambda}\cos\omega t + (A_2 - A_1)\cos\left(\omega t - \frac{2\pi x}{\lambda}\right)$$

由此可见,合成后的波束 y_3 在幅度上具有随 $\cos\dfrac{2\pi x}{\lambda}$ 呈周期变化的特性,在相位上具有随 $\dfrac{2\pi x}{\lambda}$ 呈周期变化的特性。另外,由于反射波幅度小于发射波,合成波的幅度即使在波节处也不为零,而是按 $(A_2 - A_1)\cos\left(\omega t - \dfrac{2\pi x}{\lambda}\right)$ 变化。

实验装置按图 3-4-3 所示连接,图中 S1 和 S2 为压电陶瓷换能器。S1 作为声波发射器,它由信号源供给频率为数十千赫兹的交流电信号,由逆压电效应发出一平面超声波;而 S2 则作为声波的接收器,压电效应将接收到的声压转换成电信号。将它输入示波器,我们就可看到一组由声压信号产生的正弦波形。由于 S2 在接收声波的同时还能反射一部分超声波,接收的声波、发射的声波振幅虽有差异,但二者周期相同且在同一线上沿相反方向传播,二者在 S1 和 S2 区域内产生了波的干涉,形成驻波。我们在示波器上观察到的实际上是这两个相干波合成后在声波接收器 S2 处的振动情况。移动 S2 的位置(即改变 S1 和 S2 之间的距离),从示波器显示上可以发现,当 S2 在某位置时振幅有最小值。根据波的干涉理论可以知道:任何两个相邻的振幅最大值的位置之间(或两个相邻的振幅最小值的位置之间)的距离均为 λ/ 2。为了测量声波的波长,可以在一边观察示波器上声压振幅值的同时,缓慢地改变 S1 和 S2 之间的距离。示波器上就可以看到声振动幅值不断地由最大变到最小再变到最大,两相邻的振幅最大之间的距离为 λ/2;S2 移动过的距离亦为 λ/2。超声换能器 S2 至 S1 之间的距离的改变可通过转动鼓轮来实现,而超声波的频率又可由声速测试仪信号源频率显示窗口直接读出。得出波长 λ 和频率 f 后,利用公式 $v = \lambda \cdot f$ 即可求出声速。

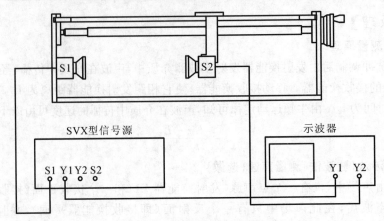

图 3-4-3　驻波法、相位法连线图

3. 相位法测量原理(选做)

由前所述可知

$$y_3 = 2A_1 \cos \frac{2\pi x}{\lambda} \cos\omega t + (A_2 - A_1)\cos\left(\omega t - \frac{2\pi x}{\lambda}\right)$$

相对于发射波束 $y_1 = A_1 \cos\left(\omega t + \frac{2\pi x}{\lambda}\right)$ 来说,在经过 Δx 距离后,接收到的余弦波与原来位置处的相位差为 $\theta = \frac{2\pi \Delta x}{\lambda}$。由此可见,在经过 Δx 距离后,接收到的余弦波与原来位置处的相位差为 $\theta = \frac{2\pi \Delta x}{\lambda}$,如图 3-4-4 所示。

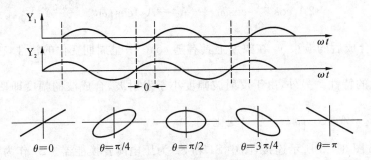

图 3-4-4　用李萨如图法观察相位变化

因此我们可以通过示波器,用李萨如图法观察测出声波的波长:转动距离调节鼓轮,观察波形为一特定角度的斜线,例如图 3-4-4 中 $\theta = 0$ 的波形,再向前或者向后(必须是一个方向)移动一定的距离,使观察到的波形又回到前面所说的特定角度的斜线,测出换能器移动距离即为 Δx,而对应的相位差为 2π,故波长

$$\lambda = \frac{2\pi \Delta x}{2\pi} = \Delta x$$

求出波长 λ 后,再根据声速测试仪信号源频率显示窗口直接读出超声波的频率 f,利用公式 $v = \lambda \cdot f$ 即可求出声速。

【实验内容与步骤】

(1) 时差法测量声速。按图 3-4-5 所示进行接线。将测试方法设置为脉冲波方式,并选择相应的测试介质。将 S1 和 S2 调到合适的距离($\geqslant 50$ mm),再调节接收增益,使显示的时间差值读数稳定,此时仪器内置的计时器工作在最佳状态。然后记录此时的距离值和信号源计时

器显示的时间值 L_{i-1}、t_{i-1}。移动 S2，如果计时器读数有跳字，则微调(距离增大时，顺时针调节;距离减小时，逆时针调节)接收增益，使计时器读数连续准确变化，记录此时的距离读数值和显示的时间值 L_i、t_i。重复以上过程，测出多组距离值和对应时间值的数据，同时记录仪器面板上显示的介质温度数值。

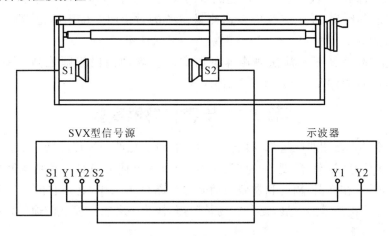

图 3-4-5　时差法测量声速连线图

当使用液体为介质测试声速时，先在测试槽中注入液体，直至把换能器完全浸没，但不能超过液面线。然后将信号源面板上的介质选择键切换至"液体"，即可进行测试，步骤与以上相同。

(2) 自接示波器，按照上述共振干涉法(驻波法)测量声速的实验原理接线进行实验。将测试方法设置到连续波方式，选择合适的发射强度。观察示波器，找到接收波形的最大值。然后转动距离调节鼓轮，这时波形的幅度会发生变化，记录幅度为最大时的距离 L_{i-1}，距离由数显尺或在机械刻度上读出，再向前或者向后(必须是一个方向)移动一定的距离，当接收波经变小后再到最大时，记录此时的距离 L_i，此时波长 $\lambda_i = 2|L_i - L_{i-1}|$，多次测定并用逐差法处理数据。(选做)

(3) 将测试方法设置到连续波方式，选择合适的发射强度。将示波器打到"X-Y"方式，并选择合适的通道增益。转动距离调节鼓轮，观察波形为一特定角度的斜线，记录此时的距离 L_{i-1}；距离由数显尺或机械刻度尺上读出，再向前或者向后(必须是一个方向)移动一定的距离，使观察到的波形又回到前面所说的特定角度的斜线，记录此时的距离 L_i，此时波长 $\lambda_i = |L_i - L_{i-1}|$。(选做)

【实验报告要求】

叙述实验原理及自己的实验步骤，记录实验数据，按照上述数据处理要求处理实验结果，并分析实验中产生误差的可能原因。

【实验注意事项】

(1) 在液体作为传播介质测量时，应避免液体接触到其他金属件，以免金属物件被腐蚀。

(2) 每次使用完毕后，用干燥清洁的抹布将测试架及螺杆清洁干净。

(3) 转动鼓轮时注意方向，以免产生空转误差。

【数据记录与数据处理】

(1) 自拟表格记录所有的实验数据。

(2) 用逐差法处理数据，计算出在空气和水中声速的测量值。

(3) 根据记录的介质温度，按理论值公式 $v_S = v_0 \sqrt{\dfrac{T}{T_0}}$，算出该温度下空气中声速理论值

v_s。式中，$T = (t + 273.15)$ K。在空气中，$T_0 = 273.15$ K 时的声速为 $v_0 = 331.45$ m/s。

（4）比较测量值与理论值，求出空气中声速测量结果的误差。

【参考资料】

[1] 王燕红,谭群燕.浅谈超声波声速测量的应用[J].中州建设,2007,5(9):16-20.

[2] 艾宝勤,马晓春.关于空气中声速测量误差的讨论[J].咸阳师范学院学报,2006,10
    (10):30-34.

[3] 谭福奎.驻波共振干涉法测声速的研究[J].黔西南民族师范高等专科学校学报,
    2004,9(8):24-28.

实验 3-5　电容传感器实验

电容传感器是将被测非电量的变化转换为电容量变化的一种传感器。电容传感器测量技术可广泛应用于位移、振动、角度、加速度、压力、液位等方面的检测。其结构简单、高分辨力、可非接触测量，并能在高温、辐射和强烈振动等恶劣条件下工作，这是它的独特优点。随着集成电路技术和计算机技术的发展，促使它扬长避短，成为一种很有发展前途的传感器。

【实验目的】

（1）观察电容传感器结构，了解其基本原理。

（2）实验仪器的扩展使用——搭建电路，完成对振动平台振动幅度大小测试结果的观察。

【实验仪器】

CSY2001B 型传感器系统综合实验台（见图 3-5-1(a)）、电容传感器实验模块（见图 3-5-1(b)）、电源线及连接线（见图 3-5-1(c)）、示波器。

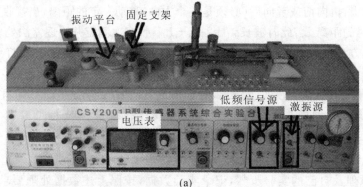

(a)

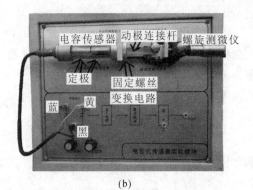

(b)

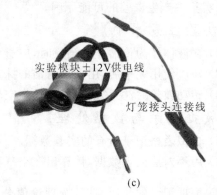

(c)

图 3-5-1　仪器实物图

【实验原理】

电容传感器是一个具有可变参数的电容器。按图 3-5-2所示平行板组成的电容器,其电容量为

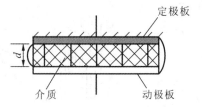

图 3-5-2　平板电容

$$C = \frac{\varepsilon S}{d} = \frac{\varepsilon_r \varepsilon_0 S}{d} \qquad (3\text{-}5\text{-}1)$$

式中:ε 为电容极板间介电常数,$\varepsilon = \varepsilon_r \varepsilon_0$;$\varepsilon_r$ 为介质的相对介电常数;$\varepsilon_r = \dfrac{\varepsilon}{\varepsilon_0}$,对于空气介质 $\varepsilon_r \approx 1$;ε_0 为真空的介电常数 $\varepsilon_0 = 8.85 \times 10^{-12}$(F/m);$S$ 为两平行极板重叠面积;d 为两平行极板间距离;C 为电容量。

由式 3-5-1 可知,当被测参数使得 S、d、ε 发生变化时,电容量 C 也随之变化。如果其中两个参数不变,而仅改变另一个参数,就可以把该参数的变化转换成电容量的变化,进而通过适当的电容-电压(电流)变换电路,得到需要的电信号。

实际使用中,电容传感器可分为三类:变间距式电容传感器、变面积式电容传感器和变介电常数式电容传感器。

1. 变间距式电容传感器

在图 3-5-2 所示的结构中,基本分析如下。

(1)初始位置,保持静止:在 ε、S、d_0 均恒定情况下,电容量

$$C_0 = \frac{\varepsilon S}{d_0} = \frac{\varepsilon_r \varepsilon_0 S}{d_0} \qquad (3\text{-}5\text{-}2)$$

(2)动极板向上移动,间距缩小:因被测量变化而向上移动使 d 减小 Δd 时,电容量增大 ΔC,则有

$$C_0 + \Delta C = \frac{\varepsilon S}{d_0 - \Delta d} = C_0 \frac{1}{1 - \dfrac{\Delta d}{d_0}}$$

电容值

$$\frac{\Delta C}{C_0} = \frac{\Delta d}{d_0} \left(1 - \frac{\Delta d}{d_0} \right)^{-1} \approx \frac{\Delta d}{d_0}$$

电容传感器灵敏度

$$K = \frac{\dfrac{\Delta C}{C_0}}{\Delta d} = \frac{1}{d_0} \qquad (3\text{-}5\text{-}3)$$

灵敏度系数 K 的物理意义:单位位移引起的电容量的相对变化量的大小。

由式(3-5-3)可知,极间距越小,既有利于提高灵敏度,又利于减小非线性。但极间距不宜过小,否则容易引起电容器击穿。

2. 变面积式电容传感器

变面积式电容传感器又可分为角位移式和直线位移式。与变间距式电容传感器相比,变面积式测量范围更大,可测量线位移和角位移,其结构示意图如图 3-5-3 所示。

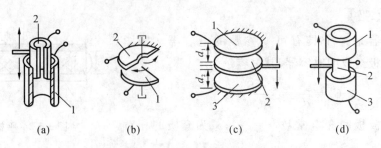

图 3-5-3　变面积式电容传感器示意图

1,3—固定电极板;2—可动电极板

【实验内容与步骤】

1. 观察电容传感器结构

图 3-5-1（b）图中电容传感器由一个动极和两个定极组成（类似于图 3-5-3(d)中所示），其中动极通过连接杆与外界联系。当螺旋测微仪或进或退时,在连接杆的带动下动极位置将在两个定极间变化。

2. 电容传感器标定

通过螺旋测微仪的精确位置控制,实现电容传感器动极变化和电压变化的一一对应。操作步骤如下。

（1）调节电压表量程选择旋钮指向 20 V 挡,用测微仪带动传感器动极移至两组定级中间。

（2）使用 ± 12 V 实验模块电源线连接主机与电容传感器实验模块,并将电容传感器实验模块"V_{OUT}"连接至电压表"数据采集入"。

（3）打开主机电源,预热主机 2 min。

（4）调节电容传感器实验模块上"增益控制"旋钮适中（以传感器在磁场中运动时电压表不满量程为宜）,调节"调零电位器"使得输出电压为零。（如果无法直接使用"调零电位器"使输出为零,可适当调节动极位置。）

（5）测量数据:前后移动动极,每次移动 0.5 mm,直至动极与定极相对重合为止（由于受测微仪量程限制,可能无法完全重合,应注意保护仪器）,在表 3-5-1 中记录数据。

表 3-5-1　数据记录

x/mm																				
U_o/V																				

3. 电容传感器振动测试

通过振动平台和电容传感器,观察振动大小,体会电容传感器的应用。

（1）关闭主机电源,卸下电容传感器,将电容传感器安装在主机固定支架上,动极连接在振动平台螺丝上（卸下电容传感器之前注意观察电容传感器输出端在模块上的连接方法;动极安装在振动平台上时稍微旋转固定即可,切不可旋转过多;电容传感器动极须位于环形定极中间,安装时须仔细调节,并用手按动平台,调节实验中动极与定极不相接触为宜）。

（2）使用 ± 12 V 实验模块电源线连接主机与电容传感器实验模块;将示波器输入端与实验模块"V_{OUT}"连接。

（3）打开主机电源,预热主机 2 min,与此同时打开示波器电源,调节示波器到最佳状态。

(4) 将激振源开关拨向"激振Ⅰ"位置,调节低频信号源"频率调节旋钮"和"幅度调节旋钮"使得振动平台适度振动。

(5) 合理调节示波器各旋钮,观察得到的波形。

【数据记录及处理】

(1) 根据记录的数据,作出 U-x 曲线图。

(2) 确定测量的线性范围。

(3) 求出灵敏度 K:

$$K = \frac{\Delta U_\circ}{\Delta x} \ (\mathrm{V/mm})$$

(4) 描述示波器观察到的振动波形变化情况。

【思考题】

(1) 为什么要接成差动型电容式传感器?

(2) 电容式传感器还可以应用在哪些具体领域?

(3) 从本实验总结传感器的定义?

【参考资料】

[1] 孟立凡,等.传感器原理与应用[M].北京:电子工业出版社,2007.

[2] 王家桢,等.传感器与变送器[M].北京:清华大学出版社,1996.

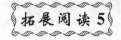

传感器技术简介

传感器技术、计算机技术与通信技术一起被称为信息技术的三大支柱。从仿生学角度来理解,如果把计算机看成是处理和识别信息的"大脑",把通信系统看成是传递信息的"神经系统"的话,那么传感器就是"感觉器官"。有许多物理量是人的五官感觉不到的,例如视觉可以感知可见光部分,对于频域更加宽的非可见光谱则无法感觉到,像红外线和紫外线光谱,人类却是"视而不见"。借助红外线和紫外线传感器,便可感知到这些不可见光。这些传感器技术在军事、国防及医疗卫生等领域有着极其重要的作用。

1. 传感器的定义及其分类

1) 传感器的定义

传感器是指能感受规定的被测量对象并按照一定的规律转换成可用信号的器件或装置,通常由敏感元件和转换元件组成。它可以直接接触被测对象,也可以不接触。对传感器的基本要求是高灵敏度、高精度、高可靠性、容易调节、响应速度快等,同时对特定的传感器还有特殊的要求,如用于测量高温的传感器必须能耐高温等。

2) 传感器的分类

由于热敏、光敏、磁敏、压敏等各种新型功能材料的不断涌现,以及这些材料性能的不断提高,各种各样的敏感器件和传感器应运而生。目前传感器的种类繁多,分类方法也很多。

(1) 按传感器的工作机理可分为物理传感器、化学传感器和生物传感器。

物理传感器是指利用物质的物理现象和效应感知并检测被测对象信息的器件。物理传感器输入的信息主要是热、力、光、磁和射线等,由转换器中的敏感元件感知并转换成另一种可测量的物理量,如电流、电荷、电动势、热量等。常见的有电容传感器、电感传感器、光电传感器等。物理传感器开发早、品种多、应用广,目前正向集成化、系列化和智能化发展。

化学传感器是指利用化学反应来识别和检测信息的器件,这类传感器主要有气敏、离子敏等类型,这种传感器很有发展前途,可在环境保护检测、工作环境监视、火险警报与监视、大气和室内空气监视、化学反应过程控制、汽车马达空燃比控制、化学实验室诊断、医疗卫生等方面广泛使用。

生物传感器是利用生物化学反应的器件,是由生物体材料和适当的换能器件组合而成的系统,从工作原理上说这类传感器与化学传感器密切相关,常见的有味觉传感器和听觉传感器等。

(2) 按能量转换方式可分为能量转换型传感器和能量控制型传感器。

能量转换型传感器主要由能量变换元件构成,不需要外加电源,由基本物理效应产生信息,如热敏电阻、光敏电阻等。能量控制型传感器在信息变换过程中,需要外加电源供给,如霍尔传感器、电容传感器等。

(3) 按传感器输出信号的不同,可分为模拟传感器和数字传感器。

目前模拟传感器的种类远超过数字传感器。数字传感器直接输出数字信号,不需要使用A/D转换器就可直接与计算机联机,并适宜远距离传输,是传感器发展的方向之一。这类传感器有振弦式传感器和光栅传感器等。

(4) 按传感器使用材料可分为半导体传感器、陶瓷传感器、复合材料传感器、金属材料传感器、高分子材料传感器、超导材料传感器、光纤材料传感器、纳米材料传感器等。

2. 传感器技术的应用

传感器主要经过了三代(20 世纪 70 年代前为结构型,70 年代的集成型和 80 年代后的智能型)的发展,随着现代科学技术的高速发展,传感器技术越来越受到普遍的重视,目前已广泛应用于各个领域。

1) 在非电量测量方面的应用

随着对测量准确度和测量速度提出的新要求,对温度、压力、位移、速度等非电量,尤其是微弱非电量,传统的测量方法已不能满足测量要求,必须采用传感器电测技术,把非电信息转换为电量信息来测量。

2) 在生产自动化控制方面的应用

通过传感器与微机、通信等相互结合渗透,可对生产中的参数进行检测、诊断,从而实现对工作状态的监测自动化,保证产品质量,提高生产效益。另外,传感器对恶劣环境、有毒环境下的检测、诊断,发挥着更独特的作用。

3) 传感器在汽车电控系统中的应用

传感器在汽车中相当于感官和触角,它能准确地采集汽车工作状态的信息,提高自动化程度。普通汽车上安装有 10~20 个传感器,而高级豪华汽车使用的传感器更是多达数百个。这些分布在发动机控制系统、底盘控制系统和车身控制系统中的传感器是汽车电控系统的关键部件,它们将直接影响到汽车的安全性、舒适性,并影响到汽车技术性能的发挥。

4) 在家用电器方面的应用

随着人们对家用电器方便、舒适、安全、节能的要求的提高,传感器在家电方面所起的作用日益显著。如在微电脑与传感技术的协作下,一台空调可实现对压缩机的启动、停机、风扇摇摆、风门调节与换气等的自动控制,从而实现对温度、湿度和空气浊度等状态进行控制。电饭锅、微波炉等日用电器也是靠传感器来实现各种功能下的温度控制的。

5) 在医学领域的应用

在图像处理、临床化学检验、生命体征参数的监护监测、呼吸、神经、心血管疾病的诊断与治疗等方面,传感器的应用已十分普及。

6) 在军事领域的应用

传感器技术在军用电子系统中的应用,促进了武器、作战指挥、控制、监视和通信系统的智能化。在远方战场监视系统、防空系统、雷达系统、导弹系统等,传感器都有着广泛的应用,传感器技术在现代战争中发挥着巨大的作用。

3. 传感器的发展趋势

近年来传感器技术发展迅速,正朝着以下的方向发展:一是不断开发新材料、新工艺;二是实现高精度、高性能、多功能、集成化、智能化、小型化和低成本化;三是通过与其他技术的相互渗透,实现无线传感器的网络化。

总之,传感器是信息采集系统的首要部件,如果没有传感器对原始信息进行精确、可靠的捕获和转换,一切测量和控制都是不可能实现的。传感器与传感器技术的发展水平是衡量一个国家综合实力的重要标志,也是判断一个国家科学技术现代化程度与生产水平高低的重要依据。

实验 3-6　电涡流传感器实验

根据法拉第电磁感应原理,块状金属导体置于变化的磁场中或在磁场中做切割磁力线运动时,导体内会产生呈涡旋状的感应电流,此电流叫电涡流。以上现象称为电涡流效应。而根据电涡流效应制成的传感器称为电涡流传感器。电涡流传感器利用互感原理工作,本质上它就是一个线圈。当线圈中通以交变电流并靠近导体时,交变磁通会在导体表面及内部产生涡流效应,涡流所形成的磁场又使线圈的电感发生变化。同时,导体距离线圈远近的变化导致电感量的变化,通过观察和计算距离变化、电感量变化、电信号变化的关系即可实现实际测量。

【实验目的】

(1) 观察电涡流传感器结构,了解其基本原理及标定方法。

(2) 使用现有实验仪器搭建电路,完成电机转速测量结果的观察。

【实验仪器】

CSY2001B 型传感器系统综合实验台、电涡流传感器实验模块、涡流片、电源线及连接线、示波器。

仪器实物图如图 3-6-1 所示。

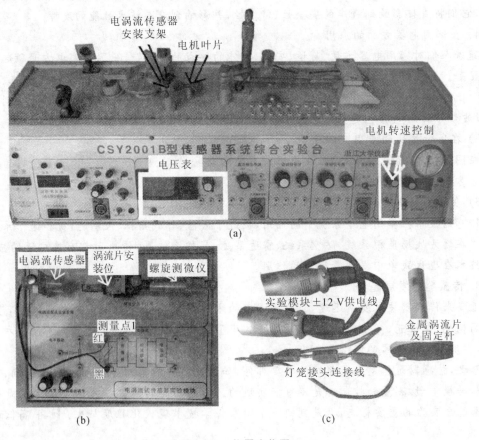

图 3-6-1　仪器实物图

【实验原理】

1. 电涡流传感器工作原理

电感线圈产生的磁力线经过金属导体时,金属导体就会产生感应电流,该电流的流向线呈闭合回线,类似于水涡形状,因此称为电涡流,如图 3-6-2 所示。

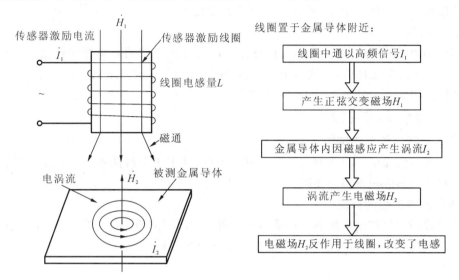

图 3-6-2 电涡流效应

电涡流的产生必然要消耗掉一部分能量,从而使产生磁场的线圈阻抗发生变化,这一物理现象称为涡流效应。

而电涡流通过导线时,电流密度在导体横截面上的分布是不均匀的,并随着电流变化频率的升高,电流将越来越集中于导线的表面附近,导线内部的电流却越来越小,这种现象称为趋肤效应。

电涡流式传感器是以电涡流效应为基础,由一个线圈和线圈附近的金属导体组成,如图 3-6-2 所示。

电感变化程度取于线圈 l 的外形尺寸、线圈 l 与被测金属导体之间的距离、被测金属导体的电阻率、磁导率及传感器激励电流的频率等。

2. 等效电路及理论推导

等效变换:将金属导体形象地看做一个短路线圈,它与传感器线圈之间有磁耦合(见图 3-6-3)。

根据电路结构,得出以下方程:

$$\begin{cases} R_1 \dot{I}_1 + j\omega L_1 \dot{I}_1 - j\omega M \dot{I}_2 = \dot{U} \\ R_2 \dot{I}_1 + j\omega L_2 \dot{I}_2 - j\omega M \dot{I}_1 = 0 \end{cases} \tag{3-6-1}$$

解方程组,可得 Z,L,Q。式中:Z 为等效阻抗;L 为等效电感;Q 为等效品质因数;R_1、L_1 为线圈原有的电阻、电感(周围无金属体时);R_2、L_2 为线圈等效短路环的电阻、电感;ω 为激励电流的角频率;M 为线圈与金属体之间的互感系数;U 为电源电压。

对 Z、L、Q 结果的分析可得出如下结论:Z、L、Q 都是此系统互感系数平方的函数。当靠近传感器的被测物体

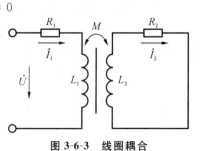

图 3-6-3 线圈耦合

为非磁性材料或硬磁性材料时,传感器线圈的等效电感减小;如被测导体是软磁性材料时,则由于静磁效应使传感器线圈的等效电感增大。

在测量中,一般使用并联谐振回路作为测量电路。在不接被测导体时,传感器调谐在某一谐振频率 f_0 上,当接入被测导体后,回路将失谐。当载流频率一定时,传感器 LC 谐振回路的阻抗变化即反映了电感的变化,又反映了 Q 值的变化。

3. 测量电路

根据电涡流传感器的基本原理,将传感器与被测金属体间的距离变化转换成传感器测量电路的等效 Q 值、等效 R 值、等效 L 值等参数,用相应的测量电路来测量。

具体电路包括:① 载波调幅式;② 载波调频式。

【实验内容与步骤】

1. 观察电涡流传感器结构

电涡流式传感器由平面线圈和金属涡流片组成,其中平面线圈本质上就是电感。在电涡流头透明封装塑料内观察涡流线圈。

2. 电涡流传感器的标定

通过螺旋测微仪控制金属涡流片的精确位置,实现位移、电感量、电压之间的转换;通过测量输出电压,将涡流片的位移变化量和电压输出变化形成固定关系。

1) 连线

使用 ±12 V 的实验模块电源线连接主机及温度传感器实验模块;安装金属涡流片与涡流线圈平面平行;安装螺旋测微仪;将电涡流传感器实验模块上的"V_{OUT}"用灯笼接口连线连接到电压表的"数据采集入",并调节"挡位选择开关"指向"20 V"挡。检查连线正确后,打开主机电源,预热主机 2 min。

2) 调整

用螺旋测微仪带动涡流片移动,当涡流片紧贴线圈时输出电压为零(如不为零可适当改变涡流线圈角度和"变换器输出调节"旋钮)。

3) 测量

记录涡流片在"零"电压输出位置时的螺旋测微器刻度值,调节螺旋测微器,使涡流片远离线圈,从电压表有读数时每隔 0.2 mm 记录一个电压值,将 U_0、x 数值填入记录表。

3. 转速测量

当金属被测体与电涡流线圈位置出现周期性的接近或脱离时,电涡流传感器的输出信号也转换为相同周期的脉冲信号。

1) 安装

关闭主机电源,从实验模板上拔下涡流线圈输出端,方便拆卸涡流线圈。在标定实验的基础上,拆下实验模块上的电涡流传感器,安装到主机电机叶片上(将支架顺时针旋转至叶片上安装电涡流线圈),线圈尽量靠近叶片,以互不接触为标准,线圈面与叶片保持平行。将线圈输出端插入实验模板相应孔(见图 3-6-1(b))。

2）连线

将电涡流传感器实验模块上的"V_{OUT}"用灯笼接口连线连接到电压表的"数据采集入"，并调节"挡位选择开关"指向"2 kHz"挡，此时电压表将工作在频率计模式下，数值为频率值。开启主机电源，预热 2 min。

3）观察

调节电机转速，记录频率计输出数值，转速等于频率表显示值除以 2；用示波器观察"V_{OUT}"处的电压变化。

【数据记录及处理】

1. 标定过程数据记录

x/mm	0	0.2	0.4	0.6	0.8	1.0	1.2	1.4	1.6	1.8	2.0
$U_{\circ}/V$											
x/mm	2.2	2.4	2.6	2.8	3.0	3.2	3.4	3.6	3.8	4.0	
$U_{\circ}/V$											

2. 数据处理

(1) 在二维坐标系作出 $U_{\circ}$-x 曲线，观察线性效果，指出线性范围。

(2) 求出灵敏度 K。

$$K = \frac{\Delta U_{\circ}}{\Delta x} \ (V/mm)$$

(3) 电机转速范围。

【思考题】

(1) 如果更换涡流片材料属性，会出现什么结果？

(2) 在电涡流实验摸板上标有"～"标志的输出波形是什么？此处起什么作用？

(3) 转速测量结果为什么要除以 2？

(4) 影响电涡流式传感器灵敏度的因素有哪些？

(5) 被测体材料对测量的影响？

【参考资料】

[1] CSY2001B型传感器系统综合实验台使用说明及实验指导.浙江大学检测技术研究所.

[2] 孟立凡,等.传感器原理与应用[M].北京:电子工业出版社,2007.

[3] 王化祥,等.传感器原理及应用[M].天津:天津大学出版社,2004.

实验 3-7　迈克耳逊干涉仪综合实验

迈克耳逊干涉仪是以其发明者美国物理学家迈克耳逊的名字命名的。1883 年他曾用该干涉仪与莫雷合作,精确地测量了微小长度的变化,否定了"以太"的存在,这个著名的实验为近代物理学的诞生和兴起开辟了道路,于 1907 年获诺贝尔物理学奖。

迈克耳逊干涉仪具有很多重要的实际应用,通过略微改变仪器的两个反射镜,人们可以进行很多实际测量,如微小位移量和微振动的测量。微小位移量的测量方法为:激光器的激光通过扩束和准直后射向分束镜,参考光和物光分别由参考反射镜和固定于待测物体上的反射镜反射回来,两束光在重叠区的干涉条纹通过物镜成像,该像用摄像机或录像机进行观察和记录,通过干涉图样的变化即可得出待测物体的微小位移量。微振动的测量方法与微位移的测量方法类似,用一弹性体与被测量(力或加速度)相互作用,使之产生微位移。此微位移量由固定在弹性体上的反射镜体现,就可以在屏上得到变化的干涉条纹,对等倾干涉来讲,也就是不断涌出的条纹或不断陷入的条纹。由光敏元件将条纹变化转变为光电流的变化,经过电路处理后可得到微振动的振幅和频率。采用迈克耳逊干涉仪还可进行微小角度的测量。迈克耳逊干涉仪的两个反射镜由三棱镜代替,反射镜组安装在标准被测转动器件的转动台上。被测转角依照正弦原理转化成反射镜组两个立体棱镜的相应线位移,而后进行干涉测量,小角度干涉仪测角分辨率达到 10^{-3} 角秒量级。

迈克耳逊干涉仪中的两束相干光各有一段光路在空气中是分开的,在其中的一支光路中放入被研究对象不会影响另一支光路。据此,还可以用来测量透明薄片的厚度及折射率、气体浓度等。同时测量透明薄片的厚度和折射率的方法是:在不放透明薄片时调出白光干涉条纹,而后插入透明薄片,在薄片与光线垂直时调出白光干涉条纹后,记录此时动镜移动的距离,再将薄片偏转 α 角度(45°比较方便),再调出白光干涉条纹,记录动镜移动的距离。通过动镜这两次移动的距离和薄片的偏转角,就可以同时计算出待测薄片的厚度和折射率。气体浓度的测量方法为:在迈克耳逊干涉仪的参考光路中,放入一个透明气室,利用白炽灯作光源,在光程差为零的附近观察到对称的几条彩色条纹,中间的黑色条纹是等光程($\Delta = 0$)精确位置。利用通入气体前后等光程位置的改变量,计算出气体的折射率,再利用气体的折射率与气体浓度的关系,计算出气体浓度。

下面对用迈克耳逊干涉仪测量透明薄片厚度及用迈克耳逊干涉仪测量空气折射率进行详细阐述。

I　用迈克耳逊干涉仪测量透明薄片厚度

迈克耳逊干涉仪中的两束相干光各有一段光路在空气中是分开的,在其中的一支光路中放入被研究对象不会影响另一支光路,据此,本实验将用它测量透明薄片的厚度。

【实验目的】

(1)掌握一种透明薄片厚度的测量方法。

(2)进一步了解光的干涉现象及其形成条件。

(3)学习迈克耳逊干涉仪调节光路的方法。

【实验仪器】

迈克耳逊干涉仪、氦氖激光器、白光光源、调光变压器、透明薄片、基座,如图 3-7-1 所示。

【实验原理】

迈克耳逊干涉仪是测量波长的最常见的实验仪器,通常情况下,我们看到的都是等倾干涉条纹。若用白光作光源,由于各种波长的光所产生的干涉条纹明暗交错重叠,在距中心位置较远处无法观察到清晰的条纹。

分析迈克耳逊干涉仪干涉原理可知,当移动平面镜 M_1 使之与平面镜 M_2 的像 M_2' 位置大致重合且与 M_2' 有微小倾角时(见图 3-7-2),视场中会出现直线干涉条纹,我们称之为等厚干涉条纹。此时换上白光光源,即可见到彩色直条纹,其中中央为一黑(暗)条纹,两旁是对称分布

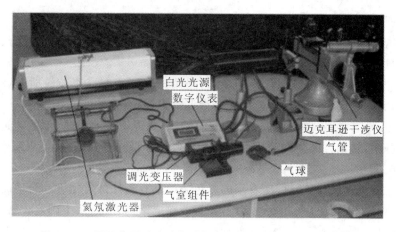

图 3-7-1　用迈克耳逊干涉仪测量透明薄片厚度相关实验器材

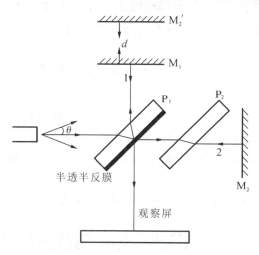

图 3-7-2　迈克耳逊干涉仪光路图

的彩色条纹。找到等光程位置,是观察到白光干涉条纹的必要条件。

根据等倾干涉公式:

$$\Delta = 2d\cos\theta = 2d\left(1 - 2\sin^2\frac{\theta}{2}\right)$$

$$\approx 2d\left(1 - \frac{\theta^2}{2}\right) = 2d - d\theta^2 \tag{3-7-1}$$

式中,θ 为入射光束中光线偏离中心轴线的角度;d 为镜子 M_1 与 M_2 的像 M_2' 之间的距离,在中央条纹位置附近,θ 非常小,因此 $d\theta^2$ 可忽略,所以 $\Delta \approx 2d$。

当调出彩色干涉条纹时,在光路中放置一折射率为 n、厚度为 l 的均匀透明薄片,由于光程发生的改变量为

$$\Delta' = 2l(n-1)$$

原所见的条纹移出视场,将 M_1 移动 $\Delta d = \Delta'/2$,使彩色条纹重现,由式

$$\Delta d = \frac{\Delta'}{2} = l(n-1) \tag{3-7-2}$$

可知,对于给定折射率 n 的透明薄片,测出 Δd,可计算出透明薄片的厚度 l。反之,给定透明薄片厚度 l,可计算出 n。

【实验内容与步骤】

(1) 对迈克耳逊干涉仪进行调节,用毛玻璃屏观察,先调出等倾干涉圆条纹,并使干涉圆条纹基本居中。

(2) 转动粗动手轮,使等倾条纹逐渐变粗,当圆条纹开始变成直条纹时(从一个弯曲方向向另一个弯曲方向改变),调节固定镜的两个微调螺钉,使直条纹变成铅垂方向。

(3) 移去激光源,换用白光光源;移去投影屏,略微转动微动手轮(不能超过一圈,否则说明第 2 步未调好),转动方向为向观察者方向旋转(即逆时针方向),直接用眼观察,在视场中可见彩色直条纹。

(4) 调节白光光源的调光钮,使看到的彩色条纹具有较好的对比度和合适的亮度。

(5) 再次调节固定镜的两个微调螺钉,使直条纹成铅垂方向(便于确定位置),读出此时标定位置的读数 d_1。

(6) 在移动镜前放置薄片,注意使之尽量与光路垂直,即与移动镜平行,此时彩色条纹消失。

(7) 继续逆时针转动微动手轮,直至彩色条纹复又出现,仍以中央黑色纹为准,读出此时的位置值 d_2。

(8) $\Delta d = d_2 - d_1$,若 n 给定,由式(3-7-2)计算出薄片厚度 l。

【实验注意事项】

(1) 由于薄片材料为石英,既薄又脆,实验过程中务必轻拿轻放。

(2) 薄片的两面平行度不是很高,所以加入薄片后观察的彩色条纹会微有弯曲现象。

(3) 单个测量过程中,微动手轮必须是向同一方向转动,否则由于空程的影响,精度将很差。

(4) 手轮要缓慢转动,否则彩色条纹会一晃而过,不易找到。

Ⅱ　使用迈克耳逊干涉仪测量空气折射率

测量气体折射率有多种方法,例如:利用光纤测量气体折射率,利用马赫-泽德干涉仪测量气体折射率及利用光的干涉原理测量气体折射率等。本实验将选用迈克耳逊干涉仪测量空气的折射率。该方法具有设备简单、操作方便等优点。

【实验目的】

(1) 掌握一种空气折射率的测量方法。

(2) 学习迈克耳逊干涉仪调节光路的方法。

【实验仪器】

迈克耳逊干涉仪、氦氖激光器、数字压强计、气室组件、气球、气管等,如图 3-7-1 所示。

【实验原理】

由迈克耳逊干涉仪光路图 3-7-2 可知,当光束垂直入射至 M_1、M_2 镜面时,两光束的光程差 δ 可以表示成

$$\delta = 2(n_1 L_1 - n_1 L_2) \tag{3-7-3}$$

式中,n_1 和 n_2 分别是光通过的路程 L_1 和 L_2 中介质的折射率。

设某单色光在真空中的波长为 λ_0,当

$$\delta = k\lambda_0 \quad (k = 0, 1, 2, \cdots) \tag{3-7-4}$$

时产生相长干涉,相应地在接收屏中心总光强为极大。由式(3-7-3)可知,两束相干光的光程差不仅与几何路程 L 有关,而且与所经过路径上介质的折射率 n 有关。当 L_1 支路上介质折射率改变 Δn_1 时,因光程差的相应变化而引起的干涉条纹变化数为 ΔN,由式(3-7-3)和式(3-7-4)可知

$$\Delta n_1 = \frac{\Delta N \lambda_0}{2L_1} \tag{3-7-5}$$

因此,只要测出接收屏上某一处干涉条纹的变化数 ΔN,就能测出光路中折射率的微小变化。

当管内压强由大气压强 p_b 变化到 0 时,折射率由 n 变到 1,若屏上某一点(通常观察屏的中心)条纹变化数为 Δk,则由式(3-7-5)可知

$$n - 1 = \frac{\Delta k \lambda_0}{2L} \tag{3-7-6}$$

通常在温度处于 15～30 ℃时,空气折射率可用下式求得

$$(n-1)_{t,p} = \frac{2.8793 p}{1 + 0.003671 t} \times 10^{-9} \tag{3-7-7}$$

式中,温度 t 的单位为℃,压强 p 的单位为 Pa。因此,在一定温度下,$(n-1)_{t,p}$ 可以看成是压强 p 的线性函数。由式(3-7-6)可知,从压强 p 变为真空时的条纹变化数 Δk 与压强 p 的关系是线性函数,因而应有

$$\frac{\Delta k}{p} = \frac{\Delta k_1}{p_1} = \frac{\Delta k_2}{p_2}$$

由此得

$$\Delta k = \frac{\Delta k_2 - \Delta k_1}{p_2 - p_1} p \tag{3-7-8}$$

代入式(3-7-6),得

$$n - 1 = \frac{\lambda_0}{2L} \times \frac{\Delta k_2 - \Delta k_1}{p_2 - p_1} p \tag{3-7-9}$$

由上式可见,只要测出管内压强由 p_1 变到 p_2 时的条纹变化数 $\Delta k_2 - \Delta k_1$,即可由上式计算压强为 p 时的空气折射率 n,管内压强不必从 0 开始。将上式中条纹变化数 $\Delta k_2 - \Delta k_1$ 用我们习惯的表示条纹变化数的 ΔN 代替,上式可变为

$$n - 1 = \frac{\lambda_0}{2L} \frac{\Delta N}{p_2 - p_1} p \tag{3-7-10}$$

如图 3-7-3 所示,在迈克耳逊干涉仪的一支光路中加入一个与打气球相连的密封管,其长度为 L;数字气压表用来测管内气压,它的读数为管内压强与管外压强的差值,单位为 MPa。调好光路后,先将密封管充气,使管内压强与室内压强的差值大于 0.09 MPa,读出数字压强计读数 p_2。然后微调阀门慢慢放气,此时在接收屏上会看到条纹移动,当移动 60 个条纹时,记下数字压强计读数 p_1。然后再重复前面的步骤,求出移动 60 个条纹所对应的管内压强的变化值 $p_2 - p_1$ 的绝对平均值 $\overline{\Delta p}$,代入式(3-7-10),即可计算出空气折射率为

$$n = 1 + \frac{\lambda_0}{2L} \frac{60}{p_2 - p_1} p \tag{3-7-11}$$

式中,p 为实验时的大气压强,一般取标准大气压 0.10 MPa。

【实验内容与步骤】

(1) 转动粗动手轮,将移动镜移到标尺 100 cm 处,调节迈克耳逊干涉仪的光路,直到在毛

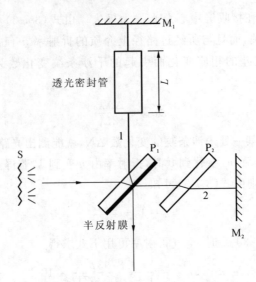

图 3-7-3　测量空气折射率光路图

玻璃屏上观察到清晰的等倾干涉条纹。

（2）将气室组件放置导轨上（移动镜的前方），调节光路，在毛玻璃屏上观察到清晰的干涉条纹。（注意：由于气室的通光窗玻璃可能产生多次反射光点，可以调动 M_1、M_2 镜背后的三颗滚花螺钉来判断，光点发生变化的即是所要的相干光。）

（3）接通电源，按电源开关，电源指示灯亮，打开气球上的阀门，调节数字压强计机械调零旋钮，至液晶屏显示值为".000"。

（4）关闭气球上的阀门，鼓气使气压值大于 0.09 MPa，记下数字仪表的数值 p_2；然后轻微拧动阀门，慢慢放气，当毛玻璃屏上干涉条纹移动 60 个时，记下此时数字仪表的数值 p_1。

（5）重复步骤（4），取 6 组数据，求出移动 60 个条纹所对应的管内压强的变化值 $p_2 - p_1$ 的 6 次平均值 $\overline{\Delta p}$，并求出其标准偏差 S_p。

【数据记录与处理】

$L = 9.5$ cm，$\lambda_0 = 632.8$ nm，$\Delta N = 60$，原始数据记录表见表 3-7-1。

表 3-7-1　原始数据记录表

	1	2	3	4	5	6
p_1/MPa						
p_2/MPa						
$p_2 - p_1$/MPa						
$\overline{\Delta p}$/MPa						

【实验注意事项】

（1）激光属强光，会灼伤眼睛，注意不要让激光直接照射眼睛。

（2）鼓气阀门不要用力旋转，以免损坏。

（3）仪器应妥善地放在干燥、清洁的房间内，防止震动。

（4）光学零件不用时，应存放在清洁的干燥盆内，以防发霉。镜片一般不允许擦拭，必要擦拭时，需先用备件毛刷小心掸去灰尘，再用脱脂清洁棉球滴上酒精和乙醚混合液轻拭。

【实验报告要求】

（1）阐述本实验的基本原理及所用仪器装置。

（2）记录实验的全过程，包括实验步骤，各种实验现象和数据处理等。对实验结果进行分析、研究和讨论。

【思考题】

（1）用迈克耳逊干涉仪观察到的等倾干涉条纹与牛顿环的干涉条纹有何不同？

（2）测量薄片厚度为什么必须用白光而不用单色光？

【参考资料】

[1] 黄秉錬.大学物理实验[M].长春:吉林科学技术出版社,2003.

[2] 王惠棣.物理实验[M].天津:天津理工大学出版社,1997.

注:请登录广西科技大学大学物理实验课程网站,查询迈克耳逊干涉仪的综合应用相关资料。

知识拓展

超大型迈克耳逊干涉仪的应用

超大型迈克耳逊干涉仪被用于引力波的探测。引力波的存在是广义相对论最重要的预言,对爱因斯坦引力波的探测是近一个世纪以来最重大的基础探索项目之一。目前还没有直接证据来证明引力波的存在。许多科学家正致力于利用激光干涉引力波探测仪来探测引力波。该仪器的主体是一台激光迈克耳逊干涉仪,在无引力波存在时,调整臂长使从互相垂直的两臂返回的两束相干光在分光镜处相干减弱,输出端的光电二极管接收的是暗纹,无输出信号。引力波的到来会使一个臂伸长、另一臂缩短,使两束相干光有了光程差,破坏了相干减弱的初始条件,光电二极管有信号输出,该信号的大小与引力波的强度成正比。20 世纪 90 年代中期,华盛顿州的 Hanford 和路易斯安那州的 Livingston 开始建造引力波探测站,并于 21 世纪初相继建成臂长为 4000 m、2000 m 的激光干涉仪引力波探测仪。据估计,引力波探测极有可能在今后几十年内取得重大突破。

实验 3-8　全息照相实验

全息照相的基本思想是伽柏(D. Gabor)在 1948 年提出的,经利思(E. N. Leith)和乌帕特尼克斯(J. Upatnieks)的改进,于 1963 年获得了世界上第一张全息照片,伽柏因此获得了 1971 年的诺贝尔物理学奖。现在全息技术在光学信息处理和储存、精密干涉计量、商品的装潢和防伪、工艺品的制造等方面得到了广泛的应用。物光波和参考光波从记录介质的同一侧入射,这样获得的全息照片称为透射式全息照片。当物光波和参考光波从两侧分别入射到记录介质上时,这样获得的全息照片称为反射式全息照片。反射式全息照片需要用较厚的记录介质才能记录下多层条纹面。本实验是透射式全息照相。

【实验目的】

（1）掌握全息照相的基本原理。

（2）掌握全息照相的实验技术,拍摄合格的全息照片。

（3）了解全息照相的各种应用。

【实验仪器】

全息照相实验台一套、光学平台（含扩束透镜、反射镜和分束镜、全息底片（干板））、650 nm半导体激光器及电源、快门及曝光定时器，如图3-8-1所示。

图3-8-1　全息照相实验平台

【实验原理】

普通照相在底片上记录的只是被拍摄物体表面各点发出光波的振幅信息，并不能记录光波的相位信息，所得到的相片上的像没有视差和立体感，是平面像。为了得到立体像，就必须同时记录光波的振幅和相位，因此必须借助一束相干参考光，通过拍摄物光和参考光的干涉条纹，间接记录下物光的振幅和相位，这种照相称为全息照相。直接观察制作好的全息相片，看不到像，只有参考光按一定的方向照射在全息相片上时，通过全息相片的衍射，才能重现物光波前，使我们看到被摄物的立体像，所以全息照相包括波前记录和波前重现两个过程。

1. 全息照相的波前记录

图3-8-2中的Q为半导体激光器，发出的激光经过光开关J，由分束镜S分为两束，由S反

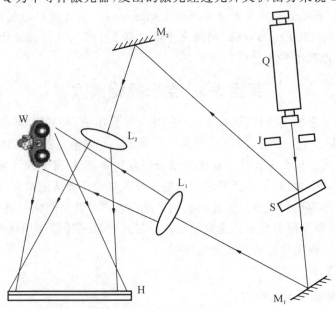

图3-8-2　全息照相实验光路图

射的一束经过反射镜 M_2 反射,再通过扩束镜 L_2 使激光束发散,最后照射到感光板 H 上,这束光称为参考光;另一束激光透射过 S,由反射镜 M_1 反射,通过扩束镜 L_1 后激光束发散,照射到被摄物体 W 后反射到感光板 H 上,这束光称为物光。

物光波在全息干板($x\,y$ 平面)上的光场分布可以用式(3-8-1)表示,即

$$O(x,y) = A_O(x,y)e^{-i\varphi_O(x,y)} \tag{3-8-1}$$

参考光波在此平面上的光场分布,用式(3-8-2)表示,即

$$R(x,y) = A_R(x,y)e^{-i\varphi_R(x,y)} \tag{3-8-2}$$

在干板上物光波与参考光波叠加产生干涉条纹,它们的和的光场分布为

$$U(x,y) = O(x,y) + R(x,y) \tag{3-8-3}$$

由于干板只能记录光的强度信息,而干板上的光强分布为

$$
\begin{aligned}
I(x,y) &= |U(x,y)|^2 \\
&= |O(x,y)|^2 + |R(x,y)|^2 + O(x,y)R^*(x,y) + O^*(x,y)R(x,y) \\
&= A_O^2 + A_R^2 + A_O A_R e^{-i(\varphi_O - \varphi_R)} + A_R A_O e^{-i(\varphi_R - \varphi_O)}
\end{aligned}
\tag{3-8-4}
$$

式(3-8-4)中前两项分别为物光和参考光单独作用在干板上光的强度;后两项为物光和参考光的干涉项,它取决于物光与参考光的实振幅和相位差。干板上虽然记录的还是光振动振幅的平方 U^2,但是 U^2 中已经包含了物光的振幅 A_O 和相位 φ_O 两方面的信息,所以物光和参考光的干涉实现了物光波前的相位信息向振幅信息的转换。

2. 全息照相的波前重现

若全息图的振幅透过率为 $\tau(x,y)$,则透过全息图的衍射光波为

$$\varphi(x,y) = \tau(x,y)R(x,y) \tag{3-8-5}$$

一般在处理全息底片时,采用 T-E 曲线的线性区,则振幅透过率与曝光强度 $I(x,y)$ 成正比,即

$$\tau = KI(x,y) \tag{3-8-6}$$

于是

$$\varphi(x,y) = KI(x,y)R(x,y) = K(A_R^2 + A_O^2)A_R e^{-i\varphi_R} + KA_R^2 A_O e^{-i\varphi_O} + KA_R^2 A_O e^{-i(2\varphi_R - \varphi_O)} \tag{3-8-7}$$

等式(3-8-7)右边第一项是一个被衰减了的再现光束,它基本上不改变原来的传播方向,为零级光波;第二项为一级衍射光波,与原来的物光波相比,只有振幅差异,它是原物光波的波前再现,是发散的波振面,在原物处形成一个虚像;第三项为负一级衍射光,在虚像的对称位置上形成一个共轭实像。

【实验内容与步骤】

按图 3-8-2 所示在全息台上摆好光路,其中 S 用透光率 70% 的分束镜,使物光和参考光的干涉条纹反差大些、干涉现象明显。

1. 调整光路

(1)等高调节各光学元件,使物光与参考光基本等高。可在载物台上放置一平面反射镜,将反射的物光光斑投射到白屏上,并与投射到白屏上的参考光光斑进行高低比较,从而完成等高调节。

(2)调节反射镜 M_2 的位置,使不经扩束的参考光与从物体中心反射的物光之间的夹角为 $10°\sim30°$ 之间,调节从分束镜开始参考光与物光到白屏的光程差处于相干长度以内。

(3) 前后移动扩束镜 L_1 使物体 W 处在扩束后的物光光束以内,调节干板架的位置,使其漫反射到白屏上的物光最强。最后放置扩束镜 L_2,使参考光均匀、最强地照亮白屏。

2. 曝光

根据实验室的要求,在曝光定时器上设置好曝光时间 9～15 s。先使光开关遮光,熟悉暗室环境,取下干板架上的白屏,在全黑环境下装上事先准备好的全息干板。将涂有感光乳剂的一面(有粗糙感)对着被照物体,安装在干板架上并将干板架夹紧,待稳定 2～3 min 后,按动曝光定时器的"启动"钮,光开关打开,进行曝光。曝光时切勿走动或高声讲话,待光开关自动关闭后,取下干板进行冲洗。

3. 冲洗干板

在清洁的条件下对感光后的干板进行显影、定影,不能用手指和竹夹接触干板的中间位置。本实验室采用的是天津远大 GS-I 型干板。

(1) 显影。使用 D-76 显影粉配制的显影液,显影液温度为 18 ℃ 左右时,显影时间 8～12 min,显影过程中应不断地晃动显影液。

(2) 漂洗。显影后的干板用蒸馏水漂洗 3～5 min,然后立即放入定影液。

(3) 定影。定影液的温度为 18 ℃ 左右,定影时间为 18 min 左右,定影时要不断晃动定影液。定影后的干板在清水中洗 10～20 min,然后晾干。

4. 全息照相的再现和观察

用参考光照射处理好的全息图,在原物处会形成一个原始虚像,此为 +1 级衍射光(见图 3-8-3(a)),与原来物光波相比,只有振幅差异,它是原物光波的波前再现,是发散的波振面;在虚像的对称位置上形成一个共轭实像,此为 −1 衍射光(见图 3-8-3(b)),与物光的共轭光波成比例,它是会聚的波振面。

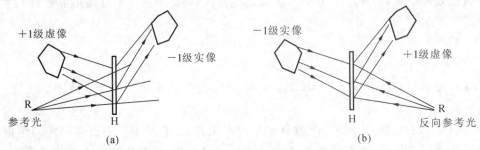

图 3-8-3 全息图的再现

1) 虚像的观察

把拍摄好的全息图放回原来拍摄时的位置,将物体 W 取走,让拍照时的参考光照明全息图,如图 3-8-3(a)所示,这时透过全息照片的玻璃面向原来被拍摄物体的方向看去,就会在原来位置上看到一个与原物完全相同的三维像,此为式(3-8-7)中的第二项,即一级衍射光所形成的虚像。

改变眼睛的位置,可以看到明显的立体特性。将开有不同形状大小孔洞或线条的厚纸片贴近全息图,可以透过不同的孔洞或线条仍然能够看到原物的三维像。改变参考光的强度可以看到明暗不同的像。把全息图倒置、旋转,观察和分析各再现像的变化情况及不同的效果。

2) 实像的观察

如果再现光是原来参考光的逆向光束,如图 3-8-3(b)所示。衍射的结果会在原物的位置上生成一个无畸变的实像,把白屏(或毛玻璃片)放在成像位置上,就会观察到三维的实像。这时的成像光束相当于光栅的－1级衍射光。如果再现光与逆向的参考光不同,产生的实像也会有畸变,此为式(3-8-7)中的第三项,即－1级衍射光。

　　也可以将全息图 H 翻转180°,在底片位置不变的情况下使乳胶面朝向观察者。移去扩束镜,用未扩束的激光束直接照射全息图,在如图 3-8-3 所示的原物位置上放一块白屏(或毛玻璃片),在屏上就可以看到被拍摄物体的实像。屏与全息图的距离、方位不同,所得实像的大小、形状和清晰程度也不同。

【实验注意事项】

(1) 不要直视激光光束,以免灼伤眼睛。
(2) 曝光过程中严禁走动喧哗。
(3) 防止杂光的干扰。

【思考题】

(1) 何为相干长度?为何物光光程和参考光光程要尽量相等?
(2) 为何用厚纸片遮住全息照片透过缝隙仍能看见所成虚像?能看见所成实像吗?
(3) 全息照相与普通照相有哪些不同?有哪些应用?

【实验报告要求】

(1) 阐明本实验的基本原理及所用仪器装置。
(2) 记录实验的全过程,包括实验步骤、各种实验现象等。
(3) 对实验结果进行分析、研究和讨论。

【参考资料】

[1] 苏显渝,等.信息光学[M].北京:科学出版社,1999.
[2] 陈国杰,谢嘉宁.物理实验教程[M].武汉:湖北科学技术出版社,2004.
[3] 李学金.大学物理实验教程[M].长沙:湖南大学出版社,2001.
[4] 秦颖,李琦.全息照相实验的技巧[J].大学物理实验,2004,3,17(1):40-41.
注:请登录广西科技大学大学物理实验课程网站,查询全息照相相关资料。

知识拓展

全息照相无损检验

　　"全息照相无损检验"就是对被测物体变形前后的两种状态下的波前进行比较。第一次曝光是对被测物体在常态下(静止时)曝一次光,即物体在常态下的光波被干版记录下来。然后使物体变形(加热、加压或激振等方法),即物体受到外部或内部的压力,产生变形,这种变形通过物体内部,当物体有缺陷时,有缺陷部分压力与无缺陷的地方压力不一样,这样传到物体表面的压力也不同。压力不同,物体表面变形就不同。当把变了形的物体表面第二次曝光,即干版上第一次记录常态时的光波和第二次由于压力产生变形的光波曝光,经过冲洗后再现时,这两列光波产生干涉。若物体无缺陷,这两列波的干涉条纹是均匀的,如平行线(或同心圆)(见图 3-8-4(a)或(b))。如果这个物体有缺陷,再现的光波条纹在有缺陷的位置发生异常,根据缺陷的大小,条纹也随之发生变化,如图 3-8-4(c)或(d)所示。由条纹的变化情况就可以进行无损检验。

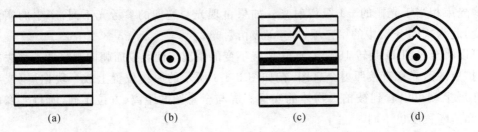

图 3-8-4　二次曝光物体无缺陷再现全息图

实验 3-9　双棱镜干涉实验

杨氏双缝干涉实验对验证光的波动性起着重要作用,双棱镜干涉是实现杨氏干涉实验的一种方法。本实验通过对毫米数量级的长度测量,完成了对难以直接测量的单色可见光波长($< 10^{-6}$ m)的测量。

【实验目的】

(1) 观察双棱镜干涉现象及其特点。

(2) 用双棱镜干涉测定光的波长。

【实验仪器】

光具座、钠光灯、测微目镜、双棱镜、单缝、光屏、凸透镜。

【实验原理】

如图 3-9-1(a)所示,双棱镜 B 可看做是由两个折射角很小的直角棱镜组成的。借助棱镜界面两次折射,可将光源(单缝)S 发出的光的波阵面分成沿不同方向传播的两束光。这两束光相当于由虚光源 S_1、S_2 发出的两束相干光,于是在它们相重叠的区域内产生干涉。将光屏 Q 垂直插入上述区域的任何位置,均可看到明暗相间的干涉条纹(见图 3-9-1(b))。

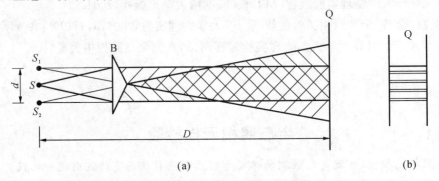

图 3-9-1　双棱镜干涉的条纹图

设 S_1 和 S_2 的间距为 d(见图 3-9-2),由 S_1 和 S_2 到观察屏的距离为 D,$\overline{S_2 S_1'} = \delta$。因为观察屏中央点 O 与 S_1 和 S_2 的距离相等,则 S_1 和 S_2 射来的两束光的光程差等于零,于是在点 O 处两光波互相加强,形成中央明条纹。其余的明条纹分别排列在点 O 的两边。假定 P 是屏上任意一点,离中央点 O 的距离为 x。在 D 较 d 大很多时,$\triangle S_1 S_2 S_1'$ 和 $\triangle SOP$ 可看做是相似三角形,且有

$$\frac{\delta}{d} \approx \frac{x}{D} \quad (因 \angle PSO \text{ 很小,用 } D \text{ 代替 } \overline{PS})$$

当

$$\delta = \frac{xd}{D} = k\lambda$$

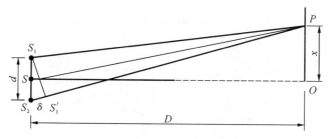

图 3-9-2　双棱镜干涉条纹计算图

或
$$x = \frac{D}{d} k\lambda \quad (k = 0, \pm 1, \pm 2, \cdots) \tag{3-9-1}$$

时,两束光在点 P 处相互加强,形成明条纹。

当
$$\delta = \frac{xd}{D} = (2k-1)\frac{\lambda}{2}$$

或
$$x = \frac{D}{d}(2k-1)\frac{\lambda}{2} \quad (k = 0, \pm 1, \pm 2, \cdots) \tag{3-9-2}$$

时,两束光在点 P 处相互削弱,形成暗条纹。

相邻两明(或暗)条纹间的距离为

$$\Delta x = x_{k-1} - x_k = \frac{D}{d}\lambda \tag{3-9-3}$$

$$\lambda = \frac{\Delta x \cdot d}{D} \tag{3-9-4}$$

由式(3-9-4)可知,只要测出 D、d 和 Δx,那么光波的波长 λ 便可求出。

【仪器介绍】

1. 双棱镜

菲涅耳(Fresnel)双棱镜是由两块折射角很小(约 $0.5°$)的直角棱镜彼此底边相接而成。

2. 测微目镜

测微目镜可用来测量微小距离(长度),其实物图和结构图分别如图 3-9-3 和图 3-9-4 所示,测微目镜内部有一可移动的十字叉丝,它随着鼓轮的转动而左右移动。在测微目镜外壳的圆柱上刻有主尺,主尺每格表示 1 mm 长,鼓轮每转一圈,叉丝移动主尺的一格即 1 mm,鼓轮上刻有 100 等份的刻度,利用鼓轮刻度可准确读出 1/100 mm,再估读一位。测微目镜的读数方法与力学实验中用的千分尺是一样的,先读主尺的读数,再读鼓轮上的读数,两部分读数加起来就是总读数。测微目镜使用时应先旋动目镜盘调节目镜的位置(注意调节时不要过

图 3-9-3　测微目镜实物图

量,以防止目镜盘从镜筒里旋出来),改变目镜和叉丝的相对位置以适应不同视力的使用者,要使叉丝在目镜视野中最清晰。叉丝看清楚后再对被测干涉条纹调焦,直到没有视差为止。实际工作中,测微目镜既可独立使用也可与望远镜配合使用,测量微小长度、间隔等。

例如:为了测量干涉条纹中的 10 个明(或暗)条纹距离,可以使叉丝的竖丝对准第 n 个明

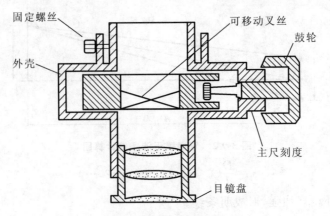

固定螺丝　　　　　　　　　可移动叉丝　　　鼓轮

外壳

主尺刻度

目镜盘

图 3-9-4　测微目镜结构图

(或暗)条纹,先读毫米标尺上的整数,再加上鼓轮上的小数,即为该条纹的位置 A 的读数,再慢慢移动叉丝的竖丝,对准第 $n+10$ 个明(或暗)条纹,得到位置 B 的读数。若 $A=2.753$ mm,$B=3.972$ mm,则 11 根暗纹间的 10 个暗纹间距就是 $10\Delta x=3.972$ mm-2.725 mm$=1.247$ mm。

【实验内容与步骤】

(1) 在光具座上安装好器件,如图 3-9-5 所示,S 是狭缝,在 S 后 20～40 cm 处上双棱镜 W,距棱镜 40～60 cm 处装上测微目镜 F,对器件进行等高共轴的调整,使狭缝、双棱镜、凸透镜和测微目镜等高并在同一轴线上。

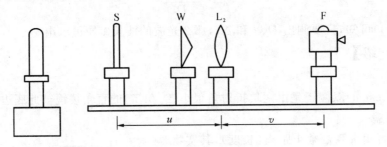

图 3-9-5　实验装置图

(2) 取下凸透镜 L_2,打开钠光灯,将单缝宽度调至约 1 mm。按照等高共轴的要求,调整光源、单缝、双棱镜、测微目镜等。

(3) 调节单缝使它严格平行于双棱镜的棱脊,逐渐减小缝宽,使能看清干涉条纹为止。反复调整单缝的取向和缝宽,直到干涉条纹清晰为止。

(4) 改变测微目镜与双棱镜间的距离,则干涉条纹的疏密程度也将变化。找出其规律,并加以解释。选择适当的位置,使干涉条纹密度适中,便于观测(一般在视场中要有暗纹 15 条以上)。

(5) 测量干涉条纹的间距 Δx,取 $n=10$(测 11 根暗条纹的总宽度 x),$\Delta x=\dfrac{x}{n}$。重复测量 5 次。

(6) 测量单缝到光屏的距离 D。如用测微目镜,则 D 为单缝到测微目镜可动分划板间的距离。

(7) 测量两虚光源 S_1 和 S_2 间的距离 d,重复测量 5 次。

由于 d 与单缝至双棱镜的距离有关,在测量过程中不得改变单缝至双棱镜的距离。在双棱镜 W 和测微目镜 F 之间放一凸透镜 L_2,靠近双棱镜处,前后移动测微目镜,使单缝经双棱镜折射而成的虚光源通过 L_2 在测微目镜内成一清晰的像。测量透镜到单缝和透镜到测微目镜可动分划板间的距离,即物距 u 和像距 v,再用测微目镜测得两个虚光源的像的间距 d_1,则按透镜成像有关公式可求出

$$d = \frac{u}{v} d_1 \tag{3-9-5}$$

将式(3-9-5)代入式(3-9-4)得

$$\lambda = \frac{u}{v} \frac{d_1}{D} \Delta x \tag{3-9-6}$$

间距 d 也可用共轭法测量。取 $D > 4f$(f 是凸透镜 L_2 的焦距),即测微目镜到单缝的距离 $D > 4f$。移动凸透镜分别测出虚光源放大像的间距 d_1 及缩小像的间距 d_2,则虚光源的间距为

$$d = \sqrt{d_1 d_2} \tag{3-9-7}$$

将式(3-9-7)代入式(3-9-4)得

$$\lambda = \frac{\sqrt{d_1 d_2} \Delta x}{D} \tag{3-9-8}$$

【实验报告要求】

(1) 写明本实验的目的和意义。

(2) 阐明实验的基本原理、设计思路。

(3) 记录实验的步骤、实验数据等。

(4) 数据处理,计算出钠光灯的波长及不确定度。

(5) 分析误差的主要来源。

【实验注意事项】

(1) 测量时,应缓慢转动鼓轮,应沿一个方向转动,中途不能反转,也不能从鼓轮的反转点作为测量的起始点。

(2) 移动可动分划板时,要注意观察叉丝指示的位置,不能移出视场范围(通常为 0~8 mm)。

【数据记录及处理】

(1) 将测得的数据列表记录。

(2) 利用式(3-9-6)计算出 $\bar{\lambda}$ 和其不确定度 $U_{\bar{\lambda}}$ 及相对不确定度 U_r(注意:请自行导出 U_u、U_v、$U_{\Delta x}$、U_D 和 U_{d1} 传递至 $U_{\bar{\lambda}}$ 的公式),并写出最终结果:

$$\begin{cases} \lambda = \left(\bar{\lambda} \pm U_{\bar{\lambda}} \dfrac{U_{\bar{\lambda}}}{\bar{\lambda}} \right) \times 100\% \\ U_r = \dfrac{U_{\bar{\lambda}}}{\bar{\lambda}} \times 100\% \end{cases} \quad (P = 68\%)$$

【思考题】

(1) 本实验中为什么要求双棱镜的折射角很小呢?

(2) 若单缝很宽,能否看到干涉条纹?为什么?

(3) 按如图 3-9-5 所示的光路安装元件时,应注意哪几点才能使实验顺利进行?

【参考资料】

[1] 洪丽,等.关于双棱镜实验中干涉条纹的讨论[J].物理教学探讨:中学教学教研专辑,2007,22(11):56-57.

实验 3-10　声波测距实验

测量距离的最直接方法当然是用测量长度的量具(例如米尺)来量度,但是对于很远的距离或移动的目标(例如天上的飞机),这种方法显然是不现实的。要解决这个问题的方法之一就是利用在观察者与目标物之间传播的波。若已知波的传播速度 v,并测出从观察者处发出而经目标物反射回观察者的时间 t,则可计算出从观察者到目标物的距离 s。

【实验目的】
利用人耳听得出的声波进行测距。

【实验仪器】
示波器、传声器(话筒)、扬声器(喇叭)、信号发生器、20 cm×30 cm 左右的金属板、米尺。

【实验原理】
利用电磁波进行测量的仪器即为雷达,本实验利用声波进行测距。由于电磁波的速度极快(等于光速),因而它适宜于测量很远的距离和快速移动的目标物;声波测距的优点则是设备简单、方法易行,适宜于测量较近的移动较慢的目标物。实际上,有经验的登山运动员常用高声喊叫而隔多少时间听到回声的简易方法,来估算他与远处山峰间的距离。在自然界中,蝙蝠可借助于它发出的超声波来捕捉昆虫和躲避障碍物等。航船则可利用超声波探测海底何处有暗礁等。

本实验利用人耳听得出的声波进行测距,装置如图 3-10-1 所示。要利用声波来测定距离,就要从观察者处设法发出一个短暂的声音,让它传播到目标物并反射回来,测出往返时间 t,即可测得距离 s。

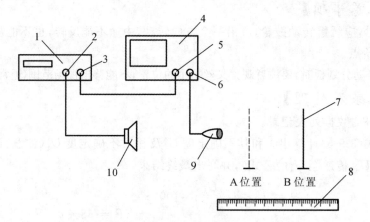

图 3-10-1　实验装置图

1—低频信号发生器;2—功率输出端;3—电压输出端;4—数字式示波器;
5—通道 CH1;6—通道 CH2;7—反射板;8—直尺;9—传声器;10—扬声器

在一般的扬声器(喇叭)中突然加一个电压,就可让它发出一个极短暂的声音。我们用信号发生器中的方波上升沿来产生此突发电压,如图 3-10-2(a)所示。对应此上升沿,扬声器会发出一个极短的声信号,如图 3-10-2(b)所示。这个声信号经过 t_0 时间后到达传声器(话筒),则传声器就接收到这个信号,如图 3-10-2 (c)所示,并发出一个电信号,如图 3-10-2 (d)所示。在传声器前 A 处放一块反射板 K,使声信号返回,则传声器就会又发出一个电信号,如图 3-10-2(e)所示,此两信号的间隔 t_A 是声波从传声器到 A 处往返一次的时间。把反射板 K 移到较远的 B 处,则传声器发出的电信号如图 3-10-2 (f)所示,此时两信号的间隔 t_B 是声波从传声器到 B 处往返一次的时间。由此可知,

$$s = \frac{v(t_B - t_A)}{2} \tag{3-10-1}$$

式中,v 是声波在空气中的传播速度,一般可取 340 m/s,从示波器上读出 t_B 与 t_A,就可从式 (3-10-1)算出 A 与 B 的距离 s。

显然,信号发生器发出的方波下沿也会产生类似的效果。为了不使它影响上述测量,只需让信号发生器输出的周期 T 远大于$(t_0 + t_B)$即可。

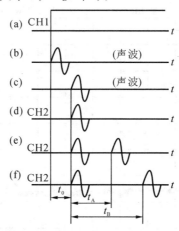

图 3-10-2 信号图

(a)信号发生器发出的电信号(方波);(b)扬声器发出的声信号;(c)传声器收到的声信号(无反射板);
(d)传声器发出的电信号(无反射板);(e)传声器发出的电信号(反射板 K 在 A 处);(f)传声器发出的电信号
(反射板 K 在 B 处)

【实验内容与步骤】

(1) 如图 3-10-1 所示接线,传声器与扬声器相距约 50 cm,令信号发生器输出 2~10 Hz 的电压信号,从示波器上观察传声器接收到声波波形(不放反射板 K),可见到波形如图 3-10-3 所示,其中上方的波形(1→)是 CH1 的信号,即信号发生器输出的电压,相当于图 3-10-2(a);下方的波形(2→)是 CH2 的信号,即传声器发出的电信号,相当于图 3-10-2(d)。为了使示波器上波形稳定,需要调节示波器上"level"键。示波器上各挡值可参考图 3-10-3 下方的数值。

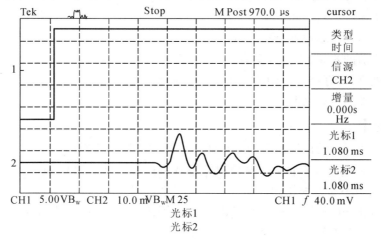

图 3-10-3 示波器波形

　　(2)在传声器前约 20 cm 处放上反射板 K,观察传声器发出的电信号波形的改变,将示波器上时间"光标 1"定在反射波形的波峰上,如图 3-10-3 所示(可按"cursor"键)。

　　(3)移动反射板 K,观察传声器发出的电信号波形的改变,将示波器时间"光标 2"定在反射波形的波峰上,如图 3-10-4 所示(注意:由于声音的传播距离较远,故反射波较小)。测出传声器接收到板 K 在点 A 与点 B 经反射后的两个声波之间的时间差 $\Delta t = t_B - t_A$(即示波器上通过光标 1、2 后显示的时间差)。在测量过程中,人要尽量远离传声器,以防人对声波的反射。

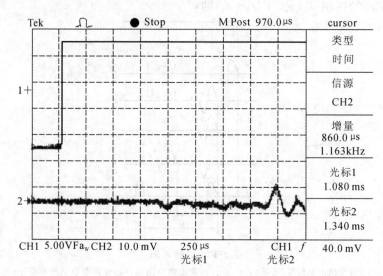

图 3-10-4　示波器反射波形

　　(4)由式(3-10-1)算出点 A 与点 B 之间的距离 s,其中声速 v 应根据室温、湿度等查表精确而得。

　　(5)用米尺直接量出点 A 与点 B 之间的距离 s,并与以上测得的结果进行比较。

　　(6)把反射板 K 拿走,换成其他不同材料的物体,例如泡沫塑料、布等,比较接收到反射波信号的大小。

　　(7)把扬声器对准远处墙面,如果房间大的话,应能听到扬声器发出"嗒、嗒"的回声。

【实验报告要求】

　　(1)写明本实验的目的和意义。

　　(2)阐明实验的基本原理、设计思路。

　　(3)记录实验的步骤、实验数据等。

　　(4)数据处理,计算挡板移动的距离及不确定度。

　　(5)分析误差的主要来源。

【思考题】

　　(1)大教室或影剧院的墙内表面为什么故意做成凹凸不平的?

　　(2)为什么不利用 t_A 直接计算从传声器到 A 的距离? 反射板 K 如果是不同材料,接收到的反射波情况有何不同? 为什么?

　　(3)为什么在一般测距过程中使用超声波,而不用人耳听声音? 它们之间有什么区别?

　　(4)有时示波器上的波形为什么会出现杂波?

实验 3-11　核磁共振实验

共振是一种普遍现象。在力学中,当外力的频率和物体的固有频率相同时,振幅最大;在电学中,当电源的频率与线路的谐振频率相同时,电流最大;在光学中,入射光子的频率所对应的能量与原子体系的能级差相同时,吸收最大,等等。这些都是共振现象。如今,核磁共振已成为确定物质分子结构、组成和性质的重要实验方法,在有机化学分析中更具有独特的优点。1977 年研制成功的人体核磁共振断层扫描仪(NMR-CT)因能获得人体软组织的清晰图像而成功地用于许多疑难病症的临床诊断。本实验采用射频脉冲观察核磁共振现象。

【学习要点】

脉冲核磁共振具有广泛的应用,其价值远超过连续核磁共振。因为脉冲核磁共振的机理及工作原理比连续核磁共振复杂得多,推导极其烦琐,本实验简化其复杂的理论推导过程以便于教学。

对于同种原子核,因为所处的材料化学成分、化学结构不同得到的脉冲核磁共振的信号不同,所以脉冲核磁共振具有广泛的应用,这是连续核磁共振所不能实现的。核磁共振中原子核具有两个不同参数:弛豫时间、化学位移。"PNMR-Ⅰ简易脉冲核磁共振仪"只能测量弛豫时间,"PNMR-Ⅱ脉冲核磁共振谱仪"主要测量化学位移。

【实验目的】

(1) 了解脉冲核磁共振的共振条件。

(2) 了解脉冲核磁共振捕捉范围及差频现象。

(3) 了解脉宽与核磁共振信号的关系($90°$、$180°$、$270°$、$360°$脉冲)。

(4) 了解自旋回波,利用自旋回波测量横向弛豫时间 T_2。

*(5) 利用计算机记录、测量 T_2,作傅里叶变换(FFT)。(此实验只限 FD-PNMR-Ⅱ)

*(6) 了解匀场系统的作用。(此实验只限 FD-PNMR-Ⅱ)

*(7) 测量二甲苯的化学位移间隔,了解脉冲核磁共振仪的工作原理。(此实验只限 FD-PNMR-Ⅱ)

【实验仪器】

FD-PNMR-Ⅰ(Ⅱ)脉冲发生器、射频开关放大器、射频相位检波器、磁场电源、示波器。

【实验原理】

1896 年,荷兰物理学家塞曼(Zeeman)发现在强磁场的作用下,光谱的谱线会发生分裂,这一现象称为"塞曼效应"。塞曼效应的本质是原子的能级在磁场中的分裂,因而人们后来把各种能级在磁场中的分裂都称为"塞曼分裂"。当入射电磁波的频率所对应的能量与磁场引起的塞曼分裂的能级差相同时,吸收最大,这种现象称为"磁共振"。原子核的能量也是量子化的,也有核能级,这种核能级在磁场作用下也会发生塞曼分裂。当入射电磁波的频率所对应的能量与核能级的塞曼分裂的能级差相同时,该原子核系统对这种电磁波的吸收最大,这种现象称为"核磁共振"。

脉冲核磁共振是观察核磁共振的自发辐射过程。它的工作方式是:先用射频脉冲将原子核从低能级跃迁至高能级,再观察原子核从高能级跃迁至低能级时辐射的电磁波。

1. Bloch 方程的推导

Bloch 根据经典理论力学和部分量子力学的概念推导出 Bloch 方程。Feynman、Vernon、

Hellwarth 在推导二能级原子系统与电磁场作用时从基本的薛定谔方程出发得到与 Bloch 方程完全相同的结果,从而得出 Bloch 方程适用一切能级跃迁理论,他们的理论称为 FVH 表象。FVH 表象是简单而严格的理论。以下介绍半经典理论和弛豫时间的概念。

1) 半经典理论

原子核具有磁矩

$$\boldsymbol{\mu} = \gamma \boldsymbol{L} \tag{3-11-1}$$

式中,γ 称为回旋比,是一个参数,$\boldsymbol{L}$ 表示自旋的角动量。

原子核在磁场中受到力矩

$$\boldsymbol{M} = \boldsymbol{\mu} \times \boldsymbol{B} \tag{3-11-2}$$

并且产生附加能量

$$E = \boldsymbol{\mu} \cdot \boldsymbol{B} \tag{3-11-3}$$

根据力学原理 $\dfrac{\mathrm{d}\boldsymbol{L}}{\mathrm{d}t} = \boldsymbol{M}$ 和 $\boldsymbol{\mu} = \gamma \boldsymbol{L}$ 得

$$\frac{\mathrm{d}\boldsymbol{\mu}}{\mathrm{d}t} = \gamma \boldsymbol{\mu} \times \boldsymbol{B} \tag{3-11-4}$$

其分量式为

$$\begin{aligned}
\frac{\mathrm{d}\mu_x}{\mathrm{d}t} &= \gamma \left(B_y \mu_z - B_z \mu_y\right) \\
\frac{\mathrm{d}\mu_y}{\mathrm{d}t} &= \gamma \left(B_z \mu_x - B_x \mu_z\right) \\
\frac{\mathrm{d}\mu_z}{\mathrm{d}t} &= \gamma \left(B_x \mu_y - B_y \mu_x\right)
\end{aligned} \tag{3-11-5}$$

式(3-11-4)、式(3-11-5)称为 Bloch 方程。

2) 弛豫过程

弛豫过程是原子核的核磁矩与物质相互作用产生的。弛豫过程分为纵向弛豫过程和横向弛豫过程。

(1) 纵向弛豫:自旋与晶格热运动相互作用使得自旋无辐射的情况下按 $\exp\left(-\dfrac{t}{T_1}\right)$ 由高能级跃迁至低能级,T_1 称为纵向弛豫时间。

(2) 横向弛豫:核自旋与核自旋之间相互作用使得自发辐射信号按 $\exp\left(-\dfrac{t}{T_2}\right)$ 衰减,T_2 称为横向弛豫时间。

Bloch 方程可改写为

$$\begin{cases}
\dfrac{\mathrm{d}\mu_x}{\mathrm{d}t} = \gamma(B_y \mu_z - B_z \mu_y) - \dfrac{\mu_x}{T_2} \\[2mm]
\dfrac{\mathrm{d}\mu_y}{\mathrm{d}t} = \gamma(B_z \mu_x - B_x \mu_z) - \dfrac{\mu_y}{T_2} \\[2mm]
\dfrac{\mathrm{d}\mu_z}{\mathrm{d}t} = \gamma(B_x \mu_y - B_y \mu_x) - \dfrac{\mu_z}{T_1}
\end{cases} \tag{3-11-6}$$

2. 工作过程

1) 脉冲激发过程工作原理

样品置于静磁场 B_0 中,且磁场平行于 z 轴,射频场以角频率 $\omega_0 = \gamma B$ 加在样品上。射频

场 B 分量为

$$\begin{cases} B_x = B_1\cos(\omega_0 t) \\ B_y = B_1\sin(\omega_0 t) \end{cases} \tag{3-11-7}$$

式中，B_1 为射频场幅度。

如果脉冲作用时间远远小于弛豫时间，那么将式(3-11-7)代入式(3-11-5)，得到

$$\begin{cases} \mu_x = c\cos(\omega_0 t) - a\sin(\gamma B_1 t + \phi_0)\sin(\omega_0 t) \\ \mu_y = a\sin(\gamma B_1 t + \phi_0)\cos(\omega_0 t) + c\sin(\omega_0 t) \\ \mu_z = a\cos(\gamma B_1 t + \phi_0) \end{cases} \tag{3-11-8}$$

式中，$a^2 + c^2 = |\mu|^2$。

根据脉冲时间 t 可将脉冲分为 $90°$ 脉冲、$180°$ 脉冲、$270°$ 脉冲、$360°$ 脉冲。以下介绍 $90°$ 脉冲、$180°$ 脉冲，其中 $270°$ 脉冲、$360°$ 脉冲很少使用，所以不作介绍。

(1) $\gamma B_1 t = \dfrac{\pi}{2}$ 的脉冲称为 $90°$ 脉冲。

根据初始条件可分为基态、激发态和辐射状态三种。

① 基态：$\mu_x = 0$，$\mu_y = 0$，$\mu_z = -1$，经过 $90°$ 脉冲后，得到

$$\mu_x = -\sin(\omega_0 t), \quad \mu_y = \cos(\omega_0 t), \quad \mu_z = 0$$

因为对电磁辐射有贡献的是 B 的 x，y 方向，所以在基态经过 $90°$ 脉冲后可以得到最强的电磁辐射。注意最强的辐射不是完全在激发态，因为完全在激发态时，虽然激发态能量最高，但是与电磁场的耦合最弱。

② 激发态：$\mu_x = 0$，$\mu_y = 0$，$\mu_z = 1$，经过 $90°$ 脉冲后，得到

$$\mu_x = \sin(\omega_0 t), \quad \mu_y = -\cos(\omega_0 t), \quad \mu_z = 0$$

所以在激发态经过 $90°$ 脉冲后，也可以得到最强的电磁辐射。

③ 辐射状态：　　　　$\mu_x = \sin(\omega_0 t), \quad \mu_y = -\cos(\omega_0 t), \quad \mu_z = 0$

或　　　　　　　　　　$\mu_x = -\sin(\omega_0 t), \quad \mu_y = \cos(\omega_0 t), \quad \mu_z = 0$

经过 $90°$ 脉冲后，得到

$$\mu_x = 0, \quad \mu_y = 0, \quad \mu_z = -1$$

或　　　　　　　　　　　　$\mu_x = 0, \quad \mu_y = 0, \quad \mu_z = 1$

因为对电磁辐射有贡献，所以在 B 横向最强时经过 $90°$ 脉冲后不管是处于激发态还是基态，辐射均为零。

(2) $\gamma B_1 t = \pi$ 的脉冲称为 $180°$ 脉冲。

基态 $\mu_x = 0$，$\mu_y = 0$，$\mu_z = -1$ 经过 $180°$ 脉冲后，得 $\mu_x = 0$，$\mu_y = 0$，$\mu_z = 1$。基态跃迁至激发态。原子核在激发态下的辐射为零。

$$\mu_x = c\cos(\omega_0 t) - a\sin\phi_0\sin(\omega_0 t)$$

任意状态 $\mu_y = a\sin\phi_0\cos(\omega_0 t) + c\sin(\omega_0 t)$ 经过 $180°$ 脉冲后，得

$$\begin{cases} \mu_x = c\cos(\omega_0 t) - a\sin(\pi + \phi_0)\sin(\omega_0 t) \\ \mu_y = a\sin(\pi + \phi_0)\cos(\omega_0 t) + c\sin(\omega_0 t) \\ \mu_z = a\cos(\pi + \phi_0) \end{cases} \tag{3-11-9}$$

又可表示为

$$\begin{cases} \mu_x = c\cos(\omega_0 t) + a\sin\phi_0\sin(\omega_0 t) \\ \mu_y = -a\sin\phi_0\cos(\omega_0 t) + c\sin(\omega_0 t) \\ \mu_z = -a\cos\phi_0 \end{cases} \tag{3-11-10}$$

即沿着 x 轴方向翻转 180°。

2) 自由衰减过程(自发辐射)

不加射频场脉冲,由高灵敏放大器观察自由衰减过程。因为不加射频场时,$B_1=0$,所以式(3-11-6)变为

$$\begin{cases} \dfrac{\mathrm{d}\mu_x}{\mathrm{d}t} = -\gamma B_z\mu_y - \dfrac{\mu_x}{T_2} \\[2mm] \dfrac{\mathrm{d}\mu_y}{\mathrm{d}t} = \gamma B_z\mu_x - \dfrac{\mu_y}{T_2} \\[2mm] \dfrac{\mathrm{d}\mu_z}{\mathrm{d}t} = -\dfrac{\mu_z}{T_1} \end{cases} \tag{3-11-11}$$

其解为

$$\begin{cases} \mu_x = a\exp\left(-\dfrac{t+t_0}{T_2}\right)\cos(\omega_0 t + \phi_0) \\[2mm] \mu_y = a\exp\left(-\dfrac{t+t_0}{T_2}\right)\sin(\omega_0 t + \phi_0) \\[2mm] \mu_z = \exp\left(-\dfrac{t+t_0}{T_1}\right) - 1 \end{cases} \tag{3-11-12}$$

3. 实验方法

1) 90°脉冲的自由衰减过程

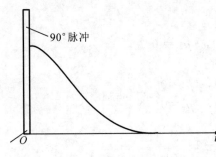

图 3-11-1　90°脉冲的自由衰减过程

在共振条件下($f=\gamma B_0$),样品上加 90°射频脉冲,打开高灵敏度放大器即可观察自由衰减过程,其时序图如图 3-11-1 所示,但必须注意两次观察的时间间隔必须远远大于弛豫时间,即 $\tau_0 \gg T_1$,$\tau_0 \gg T_2$。一般情况下,$\tau_0 > 10T_1$。

由于磁场的不均匀性,所以得到的波形为

$$a \cdot f(t)\cos(\omega_0 t + \phi_0)$$

式中,$f(t)$ 为衰减函数,即 $f(0)=1$,$f(\infty)=0$。函数与磁场的分布有关。

2) 90°-180°测量 T_2(自旋回波法)

因为磁场存在不均匀性,使得谱线出现不均匀加宽,$\boldsymbol{\mu}$ 的横向分量表示为

$$\begin{cases} \mu_x = \exp\left(-\dfrac{t+t_0}{T_2}\right)\displaystyle\int_{-\infty}^{\infty} a(\Delta\omega)\cos\left[(\omega_0 + \Delta\omega)t\right]\mathrm{d}(\Delta\omega) \\[3mm] \mu_y = a\exp\left(-\dfrac{t+t_0}{T_2}\right)\displaystyle\int_{-\infty}^{\infty} a(\Delta\omega)\sin\left[(\omega_0 + \Delta\omega)t\right]\mathrm{d}(\Delta\omega) \end{cases} \tag{3-11-13}$$

可见,自由衰减过程信号衰减速度远远快于 T_2。

为了精确测量 T_2,采用自旋回波法,其原理为:在加 90°脉冲后经过 τ 时间,再加 180°脉冲 $\boldsymbol{\mu}$ 的横向分量(详细推导参看参考资料)。

根据式(3-11-9)得未加 180°脉冲时 τ 时刻 $\boldsymbol{\mu}$ 的横向分量为

$$\begin{cases} \mu_x = \exp\left(-\dfrac{t+t_0}{T_2}\right)\displaystyle\int_{-\infty}^{\infty} a(\Delta\omega)\cos\left[(\omega_0 + \Delta\omega)\tau\right]\mathrm{d}(\Delta\omega) \\[3mm] \mu_y = a\exp\left(-\dfrac{t+t_0}{T_2}\right)\displaystyle\int_{-\infty}^{\infty} - a(\Delta\omega)\sin\left[(\omega_0 + \Delta\omega)\tau\right]\mathrm{d}(\Delta\omega) \end{cases}$$

加 $180°$ 脉冲时 τ 时刻 $\boldsymbol{\mu}$ 的横向分量为

$$\begin{cases} \mu_x = \exp\left(-\dfrac{t+t_0}{T_2}\right)\displaystyle\int_{-\infty}^{\infty} a(\Delta\omega)\cos\left[(\omega_0+\Delta\omega)\tau\right]\mathrm{d}(\Delta\omega) \\ \mu_y = a\exp\left(-\dfrac{t+t_0}{T_2}\right)\displaystyle\int_{-\infty}^{\infty} -a(\Delta\omega)\sin\left[(\omega_0+\Delta\omega)\tau\right]\mathrm{d}(\Delta\omega) \end{cases}$$

即
$$\begin{cases} \mu_x = \exp\left(-\dfrac{t+t_0}{T_2}\right)\displaystyle\int_{-\infty}^{\infty} a(\Delta\omega)\cos\left[(\omega_0-\Delta\omega)(t-2\tau)\right]\mathrm{d}(\Delta\omega) \\ \mu_y = a\exp\left(-\dfrac{t+t_0}{T_2}\right)\displaystyle\int_{-\infty}^{\infty} a(\Delta\omega)\sin\left[(\omega_0-\Delta\omega)(t-2\tau)\right]\mathrm{d}(\Delta\omega) \end{cases} \tag{3-11-14}$$

因为频谱增宽而导致相位散失,所以通过 $180°$ 脉冲后在 $t=2\tau$ 时又重新聚合。工作时序图如图 3-11-2 所示。

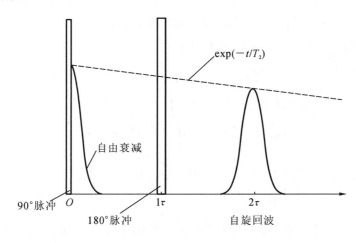

图 3-11-2　自旋回波法

3) $180°$-$90°$ 测量 T_1(反转恢复法)

样品在基态经过 $180°$ 脉冲后跃迁至激发态,再由激发态弛豫向基态弛豫转变。可以用以下公式表达:

$$\begin{cases} \mu_x = f(t)\cos(\omega_0 t+\phi) \\ \mu_y = 0 \\ \mu_z = 1-2\exp\left(-\dfrac{t}{T_1}\right) \end{cases} \tag{3-11-15}$$

然后经过 τ 时刻再加 $90°$ 脉冲,根据式(3-11-8)得

$$\begin{cases} \mu_x = -\left(1-2\exp\left(-\dfrac{\tau}{T_1}\right)\right)\sin(\omega_0 t) \\ \mu_y = \left(1-2\exp\left(-\dfrac{\tau}{T_1}\right)\right)\cos(\omega_0 t) \\ \mu_z = 0 \end{cases} \tag{3-11-16}$$

由式(3-11-16)可以看出:在 $\tau < T_1/\ln2$ 时,信号与射频脉冲的相位相反;在 $\tau > T_1/\ln2$ 时,信号与射频脉冲相位相同;在 $\tau = T_1/\ln2$ 时,信号为零。所以通过测出零信号时的 τ,即可得到 T_1,如图 3-11-3 所示。

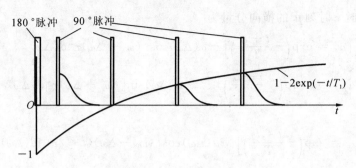

图 3-11-3　180°-90°测量 T_1

4）90°-90°测量 T_1（饱和恢复法）

样品在基态经过 90°脉冲后跃迁至激发态,再由激发态弛豫向基态弛豫转变。用以下公式表示,即

$$\begin{cases} \mu_x = f(t)\sin(\omega_0 t + \phi_0) \\ \mu_y = f(t)\cos(\omega_0 t + \phi_0) \\ \mu_z = 1 - \exp\left(-\dfrac{t}{T_1}\right) \end{cases} \tag{3-11-17}$$

然后经过 τ 时刻再加 90°脉冲,根据式(3-11-8),得

$$\begin{cases} \mu_x = -\left(1 - \exp\left(-\dfrac{\tau}{T_1}\right)\right)\sin(\omega_0 t) \\ \mu_y = \left(1 - \exp\left(-\dfrac{\tau}{T_1}\right)\right)\cos(\omega_0 t) \\ \mu_z = 0 \end{cases} \tag{3-11-18}$$

由式(3-11-18)可看出:第二脉冲随 τ 的增加信号强度按 $1 - \exp\left(-\dfrac{\tau}{T_1}\right)$ 增加,如图 3-11-4 所示。

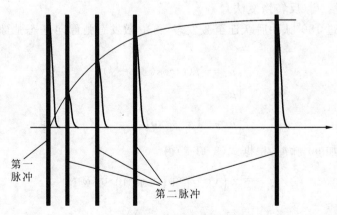

第一脉冲

第二脉冲

图 3-11-4　信号变化图

【实验内容与步骤】

1. 仪器连接及初步调试

1）连线

（1）按仪器结构说明连接。信号传递过程如下:

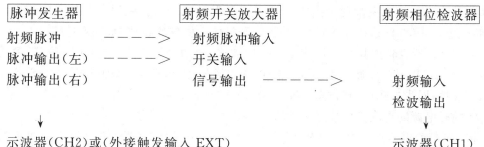

脉冲发生器	射频开关放大器	射频相位检波器
射频脉冲　－－－－>	射频脉冲输入	
脉冲输出(左)　－－－－>	开关输入	
脉冲输出(右)	信号输出　－－－－－>	射频输入
		检波输出
↓		↓
示波器(CH2)或(外接触发输入 EXT)		示波器(CH1)

（2）将示波器调节至观察 CH1 或 CH2 挡,同步调节至 EXT 挡,调节同步旋钮至脉冲同步。

（3）将励磁电源的直流输出接至磁铁的 1A、300 匝的一组线圈中,也可以两组串联,但必须注意方向。

（4）将 1% 硫酸铜溶液的离心管放入探头中,接入 L16 座上。将重复时间及脉冲间隔调至 20～100 ms 之间,将第一脉冲及第二脉冲宽度调至 0.1～0.5 ms 之间。将探头放入磁铁中央,调节励磁电源(注意可能需要调换电流的方向)直至观察到信号。调节匹配电容至信号最大(示波器灵敏度调节至噪声在 0.5～1 div 左右,如果样品过小可以先在"射频发生器"的射频输出接一发射天线并与探头基本在一直线上),这时可以观察到连续的模拟信号,调节匹配电容至信号最大,再调节励磁电源。

磁铁由钕铁硼材料和扼铁组成,磁极左右为两组线圈。一组用于调节磁场强度,一组用于调节磁场的对称度。磁铁面板如图 3-11-5 所示。

在"PNMR-Ⅰ脉冲核磁共振仪"中,I_0 直接连接"磁场电源"的"直流输出"端即可,如果调节"直流调节"的电位器旋钮,在示波器上没有发现共振波形,则需要调换"直流输出"(即电流)的方向。在"PNMR-Ⅱ"中,I_0连接"匀场线圈电源"后面板的 I_0,Z 连接"匀场线圈电源"后面板的 Z。电流方向根据磁铁和所在的温度而定。当调节 I_0 时由零调节至最大,若未发现信号,可能是电流方向接反,改变"匀场线圈电源"上的"电流换向开关",电流方向改变,此时再调节便可得到信号,但需要注意的是磁场强度与环境温度成反比的关系。

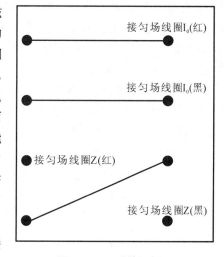

图 3-11-5　磁铁面板图

2）初步调试

（1）调节脉冲宽度:将脉冲发生器的脉冲输出端接到示波器的 CH2 通道,示波器选择开关拨到 CH2,把幅度拨至 5 V、AC 挡,频率打至 0.2 ms 挡,调节第一脉冲旋钮,将第一脉冲宽度调至 0.1 ms,调节第二脉冲旋钮,将第二脉冲宽度调至 0(逆时针旋转)。

（2）将调节好的输出脉冲从"脉冲发生器的脉冲输出"端接到射频开关放大器的射频脉冲输入端。将"脉冲发生器"的第一、二脉冲宽度波段开关调至 1 ms 挡,重复时间打至 1 ms 挡,脉冲的重复时间电位器及脉冲间隔电位器旋至最大。

（3）"射频相位检波器"的参数设置:将增益波段开关打至 5 mV 挡(即最灵敏挡)。

（4）在"FD-PNMR-Ⅰ脉冲核磁共振仪"中,"射频开关放大器"的 L16 座上安放探头铜管,并把探头放置在磁铁正中央位置。在"FD-PNMR-Ⅱ脉冲核磁共振仪"中,"射频开关放大器"的 L16 座通过 L16-Q9 线边接至匀场板,并将匀场板放入横放的磁铁中,放入样品。

(5) 示波器设置:将"射频相位检波器"的"检波输出"信号接 CH1(或 CH2)通道,并把幅度拨至 0.1 V、AC 挡;将"脉冲发生器"的"脉冲输出"(右)接同步端口(即 EXT 端);频率调至 2 ms 或 5 ms 挡;同步方式选择"常态"(NORM)挡,锁定挡。调节"电平"至同步。

(6) 将励磁电源的直流输出接至磁铁的 I_0 线圈中。

(7) 将 1‰硫酸铜溶液的离心管放入探头中接入 L16 座上,调节重复时间及脉冲间隔至合适位置(以能观察到一个较为稳定的脉冲信号为准)。

(8) 在"射频开关放大器"的 L16 座上安放探头铜管(已安装好),并把探头放置在磁铁正中央位置。

(9) 通电后调试,调节励磁电源 I_0 直至观察到信号。当调节 I_0 时由零调至最大,若无信号,可能电流方向接反,改变"匀场线圈电源"上的"电流换向开关",电流方向改变,此时再调节便可得到信号。观察到信号后,调节 I_0 和探头在磁铁中的位置使信号最强。

*(10) 计算机记录:将"射频相位检波器"中"检波输出"的输出信号通过"微机信号连接线"接至计算机声卡的"MIC"上,并将计算机"音量控制"中的"麦克风"打开,且打开软件 pnmra.EXE 记录。(仅限 FD-PNMR-Ⅱ型脉冲核磁共振仪)

2. 实验内容

1) 脉冲核磁共振条件

要想得到脉冲核磁共振信号,必须具备以下几个条件:① 探头与放大器匹配;② 磁场与脉冲射频频率满足共振条件,即 $f=\gamma B_0$,$\gamma=42.577$ MHz/T。探头与放大器匹配是指脉冲射频以最大功率加载至探头上,同时探头探测的信号以最大功率输入至放大器上。调节匹配由"开关放大器"背后的可变电容来完成(一般情况实验室已经调节好,匹配的标志信号为最大噪声,用户不要随意调节)。

为了得到良好的放大器性能,我们采用的是固定频率,且调节磁场强度(间接调节频率)至共振条件。"FD-PNMR-Ⅰ简易脉冲核磁共振"的"磁场电源"的"直流调节"和"PNMR-Ⅱ脉冲核磁共振谱仪"的"匀场电源"中的"I_0 调节"都可以调节磁场 B_0。

2) 脉冲核磁共振的捕捉范围

为了提高捕捉范围,连续核磁共振采用"扫场法"。"扫场法"的致命缺点是大扫场范围可以提高捕捉范围,但同时严重破坏测量精度。这是连续核磁共振淘汰的原因。脉冲核磁共振具有时间短、功率大的脉冲,根据傅里叶变换可知,它具备很宽的频谱。

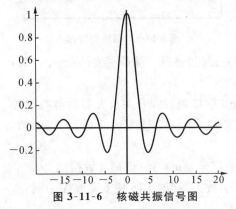

图 3-11-6　核磁共振信号图

$$I(f) = 2AT_0 \frac{\sin[T_0 2\pi(f-f_0)]}{T_0 2\pi(f-f_0)} \quad (3\text{-}11\text{-}19)$$

式中,T_0 是脉冲宽度,A 是脉冲幅度,f_0 是射频脉冲频率。所以只要有足够短的脉冲就具有大的捕捉范围(脉冲宽度 1 ms 时捕捉范围为±5 kHz,脉冲宽度 1 μs 时捕捉范围为±5 MHz),同时对测量无任何影响,这是连续核磁共振无法达到的,也是脉冲核磁共振广泛应用的原因。

调节过程中可以清晰地观察到信号,如图 3-11-6 所示,由弱反复起落多次后达到最强。

图中横坐标 $f-f_0=0$ 处的射频脉冲射频频率为 20 MHz。

3）脉冲宽度与信号的关系

根据爱因斯坦辐射跃迁理论，脉冲核磁共振过程分为：① 加载脉冲时为受激吸收过程；② 自由衰减时为自发辐射；③ 在加载脉冲时还会出现受激辐射现象。

加载脉冲时到底是受激吸收还是受激辐射，取决于脉冲宽度。根据 $\theta=\gamma B_1 T_0$（B_1 为射频脉冲磁场幅度，T_0 为脉冲宽度，γ 为原子核旋磁比），可得出如下结论。

（1）当 $\theta=90°$时，上能级与下能级之间布居数相等，同时原子核磁矩与辐射场耦合系数最大，得到最大的共振信号。全过程处于受激吸收状态。

（2）当 $\theta=180°$时，原子核全部跃迁至上能级，同时原子核磁矩与辐射场耦合系数最小，得到最小的共振信号。全过程处于受激吸收状态。

（3）当 $\theta>180°$时，原子核开始由上能级跃迁至下能级，出现受激辐射。

（4）当 $\theta=270°$时，上能级与下能级之间布居数相等，同时原子核磁矩与辐射场耦合系数最大，得到最大的共振信号。共振过程后期处于受激辐射状态。

（5）当 $\theta=360°$时，原子核全部跃迁至下能级，同时原子核磁矩与辐射场耦合系数最小，得到最小的共振信号。共振过程中前半部分处于受激吸收状态，后半部分处于受激辐射状态。

就这样周而复始，自由衰减信号大小按 $\sin\theta$ 变化。

实验过程中调节脉冲宽度，观察自由衰减信号的幅度与脉冲宽度的关系，可以得到以上结论，同时可以测出 B_1 的大小。

4）自旋回波测量 T_2

由于磁场的不均匀分布导致不同空间位置的原子核发射的频率不同，随着时间的推移，不同频率的电磁波相位逐渐减小，最后相互抵消，从而导致自由衰减信号消失，测量 T_2 时造成严重误差。为了精确测量 T_2，采用 90°-180°双脉冲自旋回波法测量 T_2。

90°-180°双脉冲自旋回波法测量 T_2：第一脉冲调至 90°脉冲（自由衰减最大），调节第二脉冲至 180°脉冲（自由衰减最小），调节磁场（调节 I_0）至共振频率与射频脉冲频率相等就可以观察到自旋回波。调节 I_0 至自旋回波最大，调节第一脉冲至自旋回波信号最大，调节第二脉冲至自旋回波信号最大。改变脉冲间隔测量 T_2（粗调时重复时间旋至最大，脉冲间隔 20 ms 左右，样品采用 1‰硫酸铜溶液或水）。改变样品，采用同样方法测量 T_2。

注意：因为信号重复周期长，所以存在严重的闪烁现象。"FD-PNMR-Ⅰ"中一般采用长余辉的慢扫描示波器以减轻闪烁现象，而"FD-PNMR-Ⅱ"采用计算机软件记录，所以可直接在计算机上观测。

*5）计算机记录（只限 FD-PNMR-Ⅱ型）

由"开关放大器"得到的信号频率是与射频脉冲相接近的 20 MHz，它的精确频率是磁铁磁场强度乘以旋磁比，即 $f=\gamma B_0$。计算机难以对 20 MHz 频率进行数-模转换和记录。为了达到计算机记录数据的目的，我们采用相位检波方法来降低信号的频率。相位检波器的工作原理如下：

由"开关放大器"放大的信号 $u(t)=A(t)\cos(2\pi ft)$ 经过滤波器滤除不必要的噪声。相位检波器内有 20.0050 MHz 的等幅度射频信号源，将等幅度射频信号与经过滤波器的共振信号相乘后经低通滤波器后得到共振信号的差频：

$$U(t)=A(t)\cos(2\pi ft-2\pi f_B t)$$

差频信号可以调整到小于 20 kHz，正好在声卡的记录范围内。在调节磁场强度过程中可以观察到镜频现象,所以射频脉冲的频率与相位检波等幅度射频的频率不同。

* 6)匀场的作用(只限 FD-PNMR-Ⅱ型)

实验前将脉冲旋至最大,调节 Z、X、Y 使"自由衰减"时间大于 20 ms(约 2 ppm 的精度)。匀场电源的目的是提高磁铁精度,从而提高测量精度。

* 7)测量二甲苯的化学位移间隔,了解谱仪的工作原理(只限 FD-PNMR-Ⅱ型)

将样品改为二甲苯,二甲苯具有甲基和苯基,它们具有不同的化学位移:甲基化学位移(相对 TMS)约为 -1 ppm,苯基化学位移(相对 TMS)为 -6 ppm(1 ppm$=1\times10^{-6}$)。在主频率为 20 MHz 以下,它们的频率之差为$(6-1)$ ppm$\times20$ MHz$=100$ Hz。样品二甲苯经 FFT 得到的谱图,用鼠标选区得出频率之差,并与理论值 100 Hz 进行比较。我们也可以更换样品测量酒精、乙醚等其他含氢液体。

【实验注意事项】

(1)因为二甲苯的弛豫时间长,所以"重复时间"和"脉冲间隔"应放在 10 ms 挡,并且旋至最大。

(2)镜频现象的消除:调节磁场至信号最大即可避免镜频现象(共振频率等于射频脉冲频率)。

(3)仪器的分辨率必须高于谱线精细结构,否则无法观察。(分辨率出厂标准为 2 ppm,仔细调节"匀场电源",认真调整探头的位置,分辨率可以达到 1 ppm,甚至还可以更高。)

(4)严禁在未接开关输入的情况下打开开关放大器,尤其是射频脉冲已经接入。

【参考资料】

[1] Eiichi Fukushima,Stephen B. W. Roeder. 实验脉冲核磁共振[M]. 童瑜晔,邵倩芬,费伦,译. 上海:复旦大学出版社,1995:20-25.

拓展阅读 6

磁共振简介

1. 磁共振的定义

原子、电子及核都具有角动量,其磁矩与相应的角动量之比称为磁旋比 γ。磁矩 μ 在磁场 B 中受到转矩 $\mu B \sin\theta$(θ 为 μ 与 B 间的夹角)的作用。此转矩使磁矩绕磁场做进动,进动的角频率 $\omega_0 = \gamma B$,ω_0 称为拉莫尔频率。由于阻尼作用,这一进动会很快衰减掉,即 μ 达到与 B 平行,进动就停止。但是,若在磁场 B 的垂直方向再加一高频磁场 $b(\omega)$(角频率为 ω),则 $b(\omega)$ 作用产生的转矩使 μ 离开 B,与阻尼的作用相反。如果高频磁场的角频率与磁矩进动的拉莫尔频率相等,即 $\omega = \omega_0$,则 $b(\omega)$ 的作用最强,磁矩 μ 的进动角(μ 与 B 角的夹角)也最大。这一现象即为磁共振。

2. 磁共振的分类

具有不同磁性的物质在一定条件下都可能出现不同的磁共振。各种磁共振既有共性又有特性。其共性表现在基本原理可以统一地唯象描述,而特性则表现在各种共振有其产生的特定条件和不同的微观机制。下面分别介绍几种主要的磁共振。

1)铁磁共振

铁磁体中原子磁矩间的交换作用使这些原子磁矩在每个磁畴中自发地平行排列。一般在铁磁共振情况下,外加恒定磁场已使铁磁体饱和磁化,即参与铁磁共振进动的是彼此平行的原子磁矩(饱和磁化强度 μ_s)。铁磁共振的这一特点引起的主要效应是:铁磁体的退磁场成为影响共振的一项重要因素,因此必须考虑共振样品形状的影响;铁磁体内交换作用场与磁矩平行,磁转矩为零,故对共振无影响;铁磁体内磁晶各向异性对共振有影响,可看做在磁矩附近的易磁化方向存在磁晶各向异性有效场。在特殊情况下,例如当高频磁场不均匀时,会激发铁磁耦合磁矩系统的多种进动模式,即各原子磁矩的进动幅度和相位不相同的非一致进动模式,称为非一致(铁磁)共振。当非一致进动的相邻原子磁矩间的交换作用可忽略,样品线度又小到使传播效应可忽略时,这样的非一致共振称为静磁型共振。当非一致进动的相邻原子磁矩间的交换作用不能忽略(如金属薄膜中)时,这样的非一致共振称为自旋波共振;当高频磁场强度超过阈值,使共振曲线和参数与高频磁场强度有关时,称为非线性铁磁共振。铁磁共振是研究铁磁体中动态过程和测量磁性参量的重要方法,也是微波磁器件(如铁氧体的隔离器、环行器和相移器)的物理基础。

2)亚铁磁共振

亚铁磁体是包含有两个或多个不等效的磁亚点阵的磁有序材料,亚铁磁共振是亚铁磁体在居里点以下的磁共振。在宏观磁性上,通常亚铁磁体与铁磁体有许多相似的地方,从而亚铁磁共振与铁磁共振也有许多相似的地方。因此,习惯上把一般的亚铁磁共振也称为铁磁共振。但在微观结构上,含有多个磁亚点阵的亚铁磁体与只有一个磁点阵的铁磁体有显著的差别。这种差别会反映到亚铁磁共振的一些特点上来。这些特点是由多个交换作用强耦合的磁亚点阵中磁矩的复杂进动运动产生的,主要表现在两种类型的磁共振,即共振不受交换作用影响的铁磁型共振和共振主要由交换作用决定的交换型共振。在两个磁亚点阵的磁矩互相抵消或动量矩相互抵消的抵消点附近,共振参量(如 g 因子共振线宽等)出现反常的变化,在磁矩和动量矩两抵消点之间,法拉第旋转反向。这些特点都已在实验上观测到。亚铁磁共振的应用基本与铁磁共振的一样,其差别仅在应用上述亚铁磁共振的特点(如 g 因子的反常增大或减小,法拉第旋转反向等)时才表现出来。

3) 反铁磁共振

反铁磁体是包含两个晶体学上等效的磁亚点阵且磁矩互相抵消的序磁材料,反铁磁共振是反铁磁体在奈耳温度以下的磁共振。它是由交换作用强耦合的两个磁亚点阵中磁矩的复杂进动运动产生的共振现象。在反铁磁共振中,有效恒定磁场包括反铁磁体内的交换场 B_E 和磁晶各向异性场 B_A。一般反铁磁体的 B_E 和 B_A 都较高,反铁磁共振发生在毫米或亚毫米波段。目前反铁磁共振除应用于基础研究外,还可利用其强内场作毫米波段或更高频段的隔离器等非互易磁器件。

4) 顺磁共振

具有未抵消的电子磁矩(自旋)的磁无序系统,在一定的恒定磁场和高频磁场同时作用下产生磁共振。若未抵消的电子磁矩来源于未满充的内电子壳层(如铁族原子的 3d 壳层、稀土族原子的 4f 壳层),则一般称为(狭义的)顺磁共振。若未抵消的电子磁矩来源于外层电子或共有化电子的未配对自旋(如半导体和金属中的导电电子、有机物的自由基、晶体缺陷(如位错)和辐照损伤(如色心)等)产生的未配对电子,则常称为电子自旋共振。顺磁共振是由顺磁物质基态塞曼能级间的跃迁引起的,其灵敏度远不如强磁体的磁共振高。如果在非顺磁体(某些生物分子)中加入含有自由基的分子(称为自旋标记),则也可在原来是抗磁性的物质中观测到自旋标记的顺磁共振。

5) 回旋共振

固体中的载流子(电子及空穴)和等离子体及电离气体在恒定磁场 B 和横向高频电场 $E(\omega)$ 的同时作用下,当高频电场的频率 ω 与带电粒子的回旋频率相等,即 $\omega=\omega_c$,这些带电粒子碰撞弛豫时间 τ 远大于高频电场周期,即 $\tau \geqslant 1/\omega$ 时,便可观测到带电粒子的回旋共振。因此,回旋共振常是在高纯、低温(τ 大)和强磁场(ω_c 高)、高频率的条件下进行观测,其显著特征是在各向同性介质中,介电常数 ε 和电导率 σ 成为张量,称为旋电性。这与其他的磁矩(自旋)系统的磁共振中磁导率 μ 为张量(称为旋磁性)不相同。此外,在电离分子中还可观测到各种带电离子的回旋共振——离子回旋共振。

6) 核磁共振

元素周期表中绝大多数元素都有核自旋和核磁矩不为零的同位素。这些核在恒定磁场 B 和横向高频磁场 $b_0(\omega)$ 的同时作用下,在满足 $\omega_N=\gamma_N B$ 的条件下会产生核磁共振(γ_N 为核磁旋比),也可在恒定磁场 B 突然改变方向时,产生频率为 $\omega_0=\gamma_B$、振幅随时间衰减的核自由进动,它在某些方面与核磁共振有相似之处。在固体中,核受到外加场 B_e 和内场 B_i 的作用,使共振谱线产生微小的移位($0.1\% \sim 1\%$),在金属中称为奈特移位,在一般化合物中称为化学移位,在序磁材料中由于核外电子的极化会产生 $10 \sim 10^3$ T 的内场,称为超精细作用场。这些移位和内场反映核周围化学环境(指电子组态和原子分布等)的影响。

7) 磁双共振

固体中有两种或更多互相耦合的基团或磁共振系统时,一种基团或系统的磁共振可以影响另一种基团或系统的磁共振,因而可以利用其中的一种磁共振来探测另一种磁共振,称为磁双共振。例如,可利用同一物质中的一种核的核磁共振来影响和探测另一种核的核磁共振,称为核-核磁双共振;可以用同一物质中的核磁共振来影响和探测电子自旋共振,称为电子-核磁双共振;也可利用光泵技术来探测其他磁共振(如核磁共振或顺磁共振),称为光磁双共振或光测磁共振。

3. 磁共振的应用

随着科技的迅速发展,磁共振技术得到了广泛的应用。利用顺磁共振可研究分子结构及晶体中缺陷的电子结构等;利用铁磁共振可研究铁磁体中的动态过程和测量磁性的参量;核磁共振谱不仅与物质的化学元素有关,而且还受原子周围的化学环境的影响,故核磁共振已成为研究固体结构、化学键和相变过程的重要手段。核磁共振成像技术与超声波和 X 射线成像技术一样已普遍应用于医疗检查。

核磁共振成像技术,是继 CT 后医学影像学的又一重大进步。自 20 世纪 80 年代应用以来,它以极快的速度得到发展。其基本原理是将人体置于特殊的磁场中,用无线电射频脉冲激发人体内氢原子核,引起氢原子核共振,并吸收能量。在停止射频脉冲后,氢原子核按特定频率发出射电信号,并将吸收的能量释放出来,被体外的接收器收录,经电子计算机处理获得图像,这就叫做核磁共振成像。为了避免与核医学中放射成像相混淆,把它称为核磁共振成像技术(MRI)。

MRI 提供的信息量不但大于医学影像学中的其他许多成像技术,而且不同于已有的成像技术,因此,它对疾病的诊断具有很大的潜在优越性。它可以直接作出横断面、矢状面、冠状面和各种斜面的体层图像,不会产生 CT 检测中的伪影;不需注射造影剂;无电离辐射,对机体没有不良影响。MRI 对检测脑内血肿、脑外血肿、脑肿瘤、颅内动脉瘤、动静脉血管畸形、脑缺血、椎管内肿瘤、脊髓空洞症和脊髓积水等颅脑常见疾病非常有效,同时对腰椎椎间盘后突、原发性肝癌等疾病的诊断也很有效。

第 4 章 设 计 性 实 验

常规的教学实验,其实验原理、方法、内容、仪器设备及数据处理等都具有基础性、典型性和继承性的意义。通过对这类实验的教学,让学生继承和接受前人的知识和技能,其目的是对学生进行科学实验的入门训练。通过常规实验的训练,对学生进行具有科学实验全过程训练性质的设计性实验教学是十分必要的。根据教育部高等学校物理学与天文学教学指导委员会物理基础课程教学指导分委员会制定的《理工科类大学物理实验课程教学基本要求》,各高校应根据本校的实际情况设置该部分实验内容(实验选题、教学要求、实验条件、独立的程度等)。

4.1 设计性实验的教学要求

4.1.1 设计性实验的性质与教学目的

设计性实验是指根据给定的实验题目、要求和实验条件,由学生自己设计方案并基本独立完成全过程的实验。设计性实验是从教学方法上划分的,它的实验内容可以是单一的或综合的,它的实验体现形式可以是演示的、验证的、定性的或定量的,只要实验方案是学生自己设计的,就可归为设计性实验,它是一种介于常规教学实验与实际科学实验之间的、具有对科学实验或工程实践全过程初步训练特点的教学实验,并具有综合性、典型性与探索性的特点。设计性教学实验的核心是设计,并在实验中检验设计的正确性与合理性。

在学生经过基础实验训练后开设设计性实验,其目的是让学生把所学到的知识和技能运用到解决实际问题的工作中去,培养学生分析问题与解决问题的能力,以及综合应用理论知识和实验技术的能力,使学生养成工程技术意识,为今后参加工程实践、进行科学实验奠定基础。

设计性实验大体上可分为两类:一类是给定主要的仪器和设备,要求测定某一物理量,设定误差要求,而实验原理、辅助仪器、实验步骤及数据处理方法都由学生自己完成;另一类是只给出实验题目和误差要求(甚至误差要求也由学生根据实际情况而设定),而物理模型的建立和选择、仪器的组装和搭配、实验步骤和数据处理等都由学生完成。通过设计性实验,使学生运用所学的实验知识和技能,在实验方法的考虑、测量仪器的选择、测量条件的确定等方面受到系统的训练,培养学生具有较强的从事科学实验的能力。

4.1.2 实验设计的一般程序

设计性实验的选题十分广泛,设计方法灵活,为方便初学者,这里介绍进行设计性实验的一般程序,仅供参考。

1. 物理模型的建立、比较与选择

对于我们要研究的物理量,常常与许多物理现象和物理过程相联系,在一定的条件下,这些现象和过程间存在着确定的函数关系。我们应从它们当中选择比较简单的、在实验室现有条件下容易重现的物理模型,作为设计的基本依据。

物理模型的建立就是根据实验要求和实验对象的物理性质,研究实验对象的物理原理及实验过程中各物理量之间的关系,推证数学模型即数学表达式。物理模型一般是在理想条件下建立的,而这些条件在实验中又是无法严格实现的,所以必须深刻理解原理所需要的条件,考虑这些条件与实验中所能实现的条件的近似程度,在误差允许的范围内,使实验条件尽量接近理想条件,只有这样才能建立起一个比较理想的物理模型。

对于一个实验任务,可以建立起多种物理模型,这就要求我们对所能建立的物理模型进行比较,从中选择一个最佳的物理模型。在选择物理模型时,要从物理原理的完善性、计算公式的准确性、实验方法的可靠性、实验操作的简单性、实验装置的经济性、仪器精度的局限性、误差范围的允许性等多方面进行比较,尽量使建立起的物理模型既突出物理概念,又使实验简易可行,既能充分利用现有条件,又能使测量精度高、误差小。

2. 测量方法的选取

一个实验中可能要测量多个物理量,每个物理量又可能有多种测量方法。我们必须根据被测对象的性质和特点,分析比较各种方法的使用条件、可能达到的实验准确度,以及各种方法实施的可能性、优缺点,综合权衡之后做出选择。选择方法时,应首先考虑测量不确定度要小于预定的设计要求。但是过分追求较小的不确定度也是没有必要的,因为随着结果准确度的提高,实验难度和实验成本也将增加。测量方法的选择离不开对测量仪器的选择,这又要从仪器精度、操作的方便性及经济性各方面综合考虑。总之,测量方法的选择应在不增加实验成本的情况下遵循不确定度最小原则。

3. 测量仪器的选择

物理模型和测量方法确定之后,就要选择配套的测量仪器。选择的方法是通过待测的间接测量量与各直接测量量的函数关系导出不确定度传递公式。

从误差传递公式我们可看出各个直接测量量对测量误差的贡献。对误差传递公式:

$$U_{\bar{w}} = \sqrt{\left(\frac{\partial f}{\partial x}U_x\right)^2 + \left(\frac{\partial f}{\partial y}U_y\right)^2 + \cdots}$$

或

$$U_r = \sqrt{\left(\frac{\partial \ln f}{\partial x}\right)^2 \cdot U_{\bar{x}}^2 + \left(\frac{\partial \ln f}{\partial y}\right)^2 \cdot U_{\bar{y}}^2 + \cdots}$$

根据"不确定度均分"原则,有

$$\frac{\partial f}{\partial x}U_x = \frac{\partial f}{\partial y}U_y = \cdots$$

或

$$\frac{\partial \ln f}{\partial x}U_{\bar{x}} = \frac{\partial \ln f}{\partial y}U_{\bar{y}} = \cdots$$

按照由上两式对间接测量量的不确定度要求,合理地分配给各直接测量量,由此选择精度合适的仪器。当实验室没有配套的仪器时要自己设法组装。有时为了使装置和仪器选择方便,改变选择被测试样也很重要。被测样品选择恰当常常可使设计大为简化。

不过,"不确定度均分"也只是误差的一个原则上的分配方法,对于具体情况还应具体处理,如由于条件限制,某一物理量的不确定度稍大,继续减小不确定度难度又很大,这时可以允许该量的不确定度大一些,而将其他物理量的测量不确定度减小一些,以保证总不确定度达到设计要求。另外,由有效数字运算法则可知,若干个直接测量量进行加法或减法运算时,选用精度相同的仪器最为合理;测量的若干个量,若是进行乘除法运算,应按有效数字位数相同的原则来选择不同精度的仪器。否则,高精度测量不会起作用,以致造成不必要的浪费。

4. 制定实验步骤

建立了理想的物理模型,选择了最佳的测量方法,合理地选择了测量仪器,之后就应制定详细、可行的实验步骤。实验步骤的制定必须以所选用的物理模型为依据。特别是所选用模型是在一定条件下近似得到的情况,在拟定实验步骤时一定要尽量满足所需的条件。

对不可逆的物理过程,要特别注意实验步骤的先后次序。同时,在安排实验步骤时对测量范围及需要注意的地方都要明确提出。

5. 实验测量

测量是实验设计的具体实施,在具体的测量过程中还可以检查设计思想和拟定的步骤是否合理。测量中要特别注意有无事先没有考虑到的异常现象,对于这些异常现象要认真观察,细心分析。常常在异常现象中可发现新的规律。

6. 数据处理

数据处理是实验不可分割的一部分,数据处理的方法在实验设计时就应该提出来。实验完成后通过数据处理观察是否满足原来的要求,是否符合原来的设计思想。

7. 写出完整的实验报告

在实验报告中应根据实验结果进行分析,提出对实验设计的改进意见。由于设计性实验是在基础实验和综合实验之后开设的,学生已掌握了一定的实验原理、方法和技能,并掌握了一般实验报告的撰写。因此,对于设计性实验的要求更高、更灵活。设计性实验报告可以以小论文的形式撰写,小论文的内容主要包括以下几个方面。

(1) 实验课题。

(2) 实验内容摘要。

(3) 关键词(实验报告中涉及的主要概念、定律和方法的名称)。

(4) 实验原理(扼要地写出设计任务、设计思想、理论依据和计算公式)。

(5) 根据课题设计要求和不确定度要求选择仪器设备,画出设计实验装置图或线路图。

(6) 列出实验操作要点,绘制必要的实验数据表格。

(7) 处理实验数据,进行不确定度的估算,给出实验的结果。

(8) 阐述实验结果并对结果进行讨论,谈谈自己的实验体会,提出对实验的改进意见。

(9) 列出参考资料。

4.2　设计性实验的举例

1. 设计性实验的选题原则

设计性实验如何选题,对于不同类型的学校、不同的教育对象、不同的课程性质、不同的教学目标,选题的侧重面不一样,每个设计性实验项目都应该体现一个设计思想。一般来说,设计性实验的选题应遵循以下原则。

(1) 有利于提高学生综合运用知识的能力。

(2) 有利于提高学生的科学思维方法与工作实践能力。

(3) 有利于开阔学生眼界、激发学生实验兴趣,为今后的科研和工程实践奠定基础。

(4) 满足学生的个性发展需要。

(5) 有利于学生接触先进的科学实验与工程实践方法和测量技术,使学生紧跟当今科学技术发展的步伐。

2. 设计性实验举例

例 1　根据误差要求,正确选择测量仪器。

[设计任务]　已知一圆柱的直径 $d \approx 10$ mm,高 $h \approx 50$ mm,测量其体积。

[设计要求]　自选测量工具,要求该圆柱的体积 V 的相对不确定度不大于 1%。

要完成本设计实验,首先要确定 d 和 h 的允许不确定度值各是多少,然后选择适当的测量工具分别对 d 和 h 进行测量。

选择测量工具(仪器)应考虑以下因素。

(1) 根据测量量的不确定度要求,按"不确定度均分"原则先求出各直接测量量允许的不确定度值。

(2) 结合各直接测量的估计值、允许的不确定度值和各相关测量工具量限、仪器误差,选择满足实验要求的测量工具(仪器)。

(3) 在对若干个直接测量量进行加法或减法计算时,选用精度相同的仪器最为合理;在对若干个直接测量量进行乘除法运算时,应按有效数字位数相同的原则来选择不同精度的仪器。

(4) 在满足测量要求的条件下,尽量选用准确度级别低的仪器。因为仪器的准确度级别越高,成本越高,且对操作和环境要求也越高。

把上述观点应用于本例,则需按以下几步完成本设计性实验。

步骤 1　求出各直接测量量允许的不确定度值。

根据圆柱体积计算公式 $V = \pi d^2 h/4$ 知,由不确定度传递与合成关系得

$$\frac{U_V}{V} = \sqrt{\left(2\frac{U_d}{d}\right)^2 + \left(\frac{U_h}{h}\right)^2} \leqslant 1\%$$

通常先按"不确定度均分"原则,令参加合成的各项取相同的不确定度值,即

$$2\frac{U_d}{d} = \frac{U_h}{h}$$

于是有

$$\frac{U_V}{V} = \sqrt{2\left(2\frac{U_d}{d}\right)^2} = \sqrt{2\left(\frac{U_h}{h}\right)^2} \leqslant 1\%$$

由此可得

$$\frac{U_d}{d} \leqslant \frac{1}{2\sqrt{2}} \times 1\% = 0.36\% \Rightarrow U_d \leqslant 10 \times 0.0036 \text{ mm} = 0.036 \text{ mm}$$

$$\frac{U_h}{h} \leqslant \frac{1}{\sqrt{2}} \times 1\% = 0.71\% \Rightarrow U_h \leqslant 50 \times 0.0071 \text{ mm} = 0.36 \text{ mm}$$

步骤 2　选择测量工具。

实验室常用的测量长度工具有以下几种。

(1) 螺旋测微器:量限为 $0 \sim 25$ mm,仪器误差为 0.004 mm。

(2) 游标卡尺:量限为 $0 \sim 150$ mm,仪器误差为 0.02 mm。

(3) 米尺:量限为 $0 \sim 2$ m,仪器误差为 1 mm。

可见,满足测量条件的有螺旋测微器和游标卡尺。本实验中,测量直径可采用螺旋测微器,测量高度可采用游标卡尺。

若是制造体积不确定度不超过 1% 的圆柱,则 $U_d = 0.036$ mm 及 $U_h = 0.36$ mm 也可作为加工尺寸的最大允许误差限。

注:进行不确定度分配的所谓"不确定度均分"原则并不是固定不变的,可以根据实际情况和经济上的考虑加以调整。

步骤 3 进行实验测定。(略)

步骤 4 完成实验报告或小论文。(略)

例 2 测定本地区重力加速度。

[**设计任务**] 测定本地区的重力加速度。

[**设计要求**] 要求相对不确定度 $U_r \leqslant 0.5\%$。

[**实验条件**] 自选实验模型和实验仪器。

本设计性实验只给出实验题目和误差要求,而物理模型的建立和选择、仪器的组装和搭配、实验步骤和数据处理等均由学生自行完成。下面结合本题目,说明此类实验设计的一般程序。

(1) 建立物理模型。

重力加速度 g 是一个重要的物理常数,许多物理现象和物理过程都与之有关。例如自由落体运动、抛射体运动、物体沿斜面的匀速运动、单摆运动及万有引力与重力的关系等均与 g 有关。根据这些物理过程,推证出相应的重力加速度 g 的计算公式,均可进行重力加速度 g 的测量。通过对这些物理过程的分析比较可知,只有单摆运动在实验室中最易再现,可定为实验的物理模型。

(2) 选择测量方法。

根据单摆周期公式 $T = 2\pi\sqrt{L/g}$ 可知,要测量 g,就要对单摆的周期 T 和摆长 L 进行测量。取摆长约 1 m,此时周期约 2 s。周期 T 可用秒表进行测量,而摆长 L 则可用测量长度的工具进行测量。由于单摆周期公式是近似公式,实验中要控制好摆角、摆长、小球密度等条件。

(3) 选择测量仪器和装置。

单摆在不受阻力且摆角较小的情况下,可认为是简谐振动,其摆动周期只与摆长 L 有关,满足

$$T = 2\pi\sqrt{\dfrac{L}{g}} \tag{4-2-1}$$

若能精确测出周期 T 和摆长 L,g 就可间接测出。由上式得

$$g = \dfrac{4\pi^2 L}{T^2} \tag{4-2-2}$$

由此得

$$U_r = \dfrac{U_g}{g} = \sqrt{\left(\dfrac{U_L}{L}\right)^2 + \left(2\,\dfrac{U_T}{T}\right)^2} \tag{4-2-3}$$

由式(4-2-3)可看出,周期 T 的测量误差对 g 的测量误差贡献最大。

今要求 $U_r \leqslant 0.5\% = 0.005$,按"不确定度均分"原则,令参加合成的各项取相同的不确定度值,即 $\dfrac{U_L}{L} = 2\,\dfrac{U_T}{T}$,于是

$$\dfrac{U_g}{g} = \sqrt{2\left(\dfrac{U_L}{L}\right)^2} = \sqrt{2\left(2\,\dfrac{U_T}{T}\right)^2} \leqslant 0.005 \tag{4-2-4}$$

解之得

$$\dfrac{U_L}{L} \leqslant 0.0035 \tag{4-2-5}$$

$$\dfrac{U_T}{T} \leqslant 0.00177 \tag{4-2-6}$$

对于摆长约 1 m、周期约 2 s 的单摆,由式(4-2-5)得 $U_L \leqslant 3.5$ mm。普通钢卷尺在测量范

围为 1 m 左右时,仪器误差为 2 mm 左右,因此选用普通钢卷尺测量摆长就可满足要求。由式 (4-2-6)得 $U_T \leqslant 0.0035$ s,我们可以考虑以下测量工具:

① 机械秒表,仪器误差为 0.1 s;

② 电子表,仪器误差为 0.01 s; ｝启停时,一般人的判断是引入 0.2 s 的误差。

③ 毫秒计,仪器误差为 0.001 s。

显然如果仅测一个周期,只有选择毫秒计测量才能满足要求。我们注意到无论是测一个周期还是测多个周期,用秒表测量时间的不确定度 U_T 都只是 0.2 s。但如果用测多个周期的办法,可避免选用价值昂贵且使用不方便的毫秒计。设 n 为测量的周期数,由

可得
$$\frac{0.1+0.2}{2} \leqslant 0.00177 \, n$$

$$n \geqslant 85$$

即选用机械或电子秒表,测 85 个周期所用的总时间即可满足测量误差要求。

一般选用仪器的原则是:在满足测量要求的条件下,尽量选用准确度级别低的仪器。仪器的准确度级别越高,成本越高,对操作和环境的要求也越高,如果使用不当,反而得不到理想的结果。

由于式(4-2-1)是近似公式,实验中要控制好摆角、摆长、小球密度等条件。

(4) 设计提纲。

由上述分析和题目要求,可得如下实验设计提纲。

① 选用"单摆"作为本实验的物理模型。

② 选用 $g = 4\pi^2 L/T^2$ 作为测量公式。

③ 选用 1 m 左右没有弹性的轻质细绳作单摆的悬线,选用密度较大的光滑圆球作摆球。悬线质量为 m_0,摆球质量为 m,两者的质量比 m_0/m 控制在 0.005 以内。

④ 用钢卷尺测摆长,单次测量即可。周期的测量选用机械秒表,因为周期的测量误差对实验误差贡献大,应多次测量,每次测连续 90 个周期的摆动时间。物理过程是可逆的,先测 L 或先测 T 都是可以的。

⑤ 实验中摆角控制在 5° 以内,摆角对实验的系统误差影响最为显著。各量的测量应有三位有效数字。

(5) 实验测量。(略)

(6) 处理数据。(略)

(7) 撰写实验报告或小论文。(略)

(8) 列出参考资料。(略)

4.3　设计性实验项目

以下提供部分设计性物理实验选题,供读者参考及选做。更多的选题会随时挂于课程网站上。

实验 4-1　孔明灯的研究与设计

【实验目的】

(1) 了解孔明灯的由来。

(2) 研究孔明灯的升空原理。

(3) 制作孔明灯。

(4) 安全放飞自制的孔明灯。

【实验原理】

(1) 研究孔明灯的升空原理,并阐述孔明灯升空的条件。

(2) 研究如何控制孔明灯上升的速度、方向与高度。

【实验内容】

(1) 选择制作材料。

(2) 进行孔明灯的制作。

(3) 放飞孔明灯。

【实验报告】

(1) 研究背景(阐述孔明灯的由来和放飞孔明灯的意义),并确定自己的研究与设计任务。

(2) 研究孔明灯的升空原理,给出孔明灯能升空所需要满足的质量条件。

(3) 记录孔明灯的制作过程。

(4) 阐述自制孔明灯的放飞过程,并指出孔明灯放飞过程中的注意事项。

(5) 分析孔明灯的放飞效果,提出自制孔明灯的改进意见。

注:请登录广西科技大学大学物理实验教学中心网站,查询孔明灯的研究与设计的设计引导、孔明灯与热气球的相关资料。

知识拓展

孔明灯与热气球

　　孔明灯,之所以叫孔明灯,一是相传此灯由诸葛孔明发明;二是此灯有点像孔明先生所戴的帽子。相传三国时,孔明被司马懿围困于阳平,无法派兵出城求救。全军上下束手无策,诸葛亮想出一条妙计,命人拿来白纸,糊成纸灯笼,孔明算准风向,利用热空气飘浮的力量带着灯笼升空,系上求救的信息,其后果然脱险。

　　孔明灯又叫天灯,现在又叫许愿灯。时过境迁,今天放飞孔明灯,不再是战场上的信号,而是作为中国民间的一种节庆活动。天灯的升空有上达天庭的意义,民间便将祈福许愿的愿望写在天灯上,在农历年正月十六那天晚上制作放飞,祈祷一年的愿望让上天众神帮助实现。天灯可适用于组织春游聚会、婚庆、生日、节日、年轻人约会示爱及广告宣传等方面。

　　孔明灯之所以能升空是利用了空气的浮力,它与氢气球、热气球的升空原理相同,而与风筝的升空原理不同。孔明灯在升空前下面要点火,使灯笼内的空气温度升高,空气通过对流上升充满灯笼,由于热空气密度比空气的小,当其受空气浮力大于其自身的重力时,孔明灯就会徐徐上升(见图4-1-1)。

　　热气球是利用物体浮沉的条件中浮力大于重力的原理飞上天的,热气球上面是一个大气囊,其下有一个较小的孔,在孔的正下方有一个加热的设备,它能将大气囊里的空气加热,使大气囊内的空气变为密度比外面空气密度小的热空气,使热气球的总重力小于它受到的浮力,所以热气球就能向上飞。孔明灯与热气球的升空原理一样!

图 4-1-1　孔明灯放飞图

实验 4-2　电阻测量设计

电阻是电路和电气元器件的一个重要参数,因此对电阻的测量特别重要。对不同阻值和精度要求的电阻有不同的测量方法。惠斯登电桥法是测量中值电阻($10\sim10^5$ Ω)的常用方法之一,对于低值电阻(1 Ω 以下)可采用开尔文电桥(双臂电桥)法或四端法进行测量,而对于高值电阻($>10^5$ Ω),则要采用兆欧表或其他方法进行测量。

【实验目的】

(1) 设计测量中值电阻(如检流计内阻)的三种方法,选择其中一种进行测量。

(2) 设计一种测量低值电阻的方法。

(3) 设计一种测量高值电阻的方法。

【实验要求】

(1) 画出测量原理图,给出切实可行的测量方法。

(2) 说明具体的测量步骤、注意事项等,并进行实际测量。

(3) 比较各种测量方法的优缺点。

(4) 完成实验报告或小论文。

【实验仪器】

1. 设计测量中值电阻(检流计内阻)可选仪器

自搭电桥板、待测内阻检流计(一个)、电键、滑线变阻器、直流稳压电源、电阻箱、微安表(100 μA\500 μA)、电压表(7.5 V\15 V\30 V)、毫安表(25 mA\50 mA\100 mA)、直流单双臂电桥。

2. 测量低值电阻可选仪器

四个标准电阻箱、自搭电桥板、检流计、电键、滑线变阻器、直流稳压电源、微安表(100 μA\500 μA)、电压表(7.5 V\15 V\30 V)、毫安表(25 mA\50 mA\100 mA)、直流单双臂电桥。

3. 测量高值电阻

由学生提出测试仪器或器材,若暂时无法满足要求,可作理论分析、比较。

【实验报告】

(1) 引言部分:写明本设计实验的目的和选题意义。

(2) 记录所选用的仪器、材料的规格和型号、数量等,要与实际使用的相吻合。

(3) 阐明电阻测量的基本原理、设计思路和研究过程。

(4) 记录实验的全过程,包括实验步骤、实验图示、各种实验现象和数据等。

(5) 处理实验数据并给出测量结果。

(6) 分析实验结果,讨论实验中出现的各种问题,并提出改进意见。

(7) 列出参考资料(可以来源于教材、图书馆查找到的资料、网上查找到的资料或物理实验教学网站上浏览到的资料)。

【参考资料】

[1] 郑庆华,童悦.双臂电桥测低电阻[J].物理与工程,2009.19(1):37-38.

[2] 韩新华.高值电阻测量方法分析[J].太原师范学院学报(自然科学版),2009,6,8(2):101-103.

注:请登录广西科技大学大学物理实验课程网站,查询电阻测量设计的设计引导相关资料。

实验 4-3　驻波实验研究与简单乐器的设计

一切机械波,在有限大小的物体中进行传播时会形成各式各样的驻波。驻波是常见的一种波的叠加现象,它广泛存在于自然界和日常生活当中,如我们熟悉的多种乐器,都是利用管、弦、膜、板等的振动制成的。研究音乐性质如音质的好坏等都要利用物理方法。音乐声量的测量,包括频率、强度、时间、频谱、动态等都是物理测量,制造乐器的许多材料性能测量也都涉及物理量的测量。驻波理论在声学、光学及无线电中都有着重要的应用。

小提琴、二胡、吉他、琵琶等弦乐器,都是依靠弦线的振动而发出声音的,而各种管乐器则是靠管内空气的振动而发出声音的。本实验重点观测在弦线上形成的驻波,用实验确定弦振动时驻波波长与弦线张力的关系、驻波波长与振动频率的关系,以及驻波波长与弦线密度的关系。在理解驻波形成及传播规律的基础上,设计一个简单的乐器。

一般的驻波发生在三维空间,较为复杂,为了便于掌握其基本特征,本实验研究最简单的一维空间的情况。

【实验目的】

(1) 研究弦线上驻波的传播规律。

(2) 在理解振动规律的基础上,研究吉他和水杯琴的发声原理,设计并制作一个简单的乐器。

【实验仪器】

FD-SWE-Ⅱ弦线上驻波实验仪(一套)。

【实验原理】

1. 研究弦线上驻波的传播规律

(1) 掌握产生驻波的原理,并观察弦线上形成的驻波。

(2) 研究波长与共振频率间的关系。

(3) 研究波长与弦线所受张力及线密度间的关系。

2. 研究吉他和水杯琴的发声原理

【实验设计】

(1) 在理解振动规律的基础上,研究吉他和水杯琴的发声原理,设计并制作一个简单的乐器。

(2) 对自己设计的乐器进行演奏。

【实验报告】

(1) 引言部分:写明本设计实验的目的和选题意义。

(2) 记录所选用的仪器、材料的规格和型号、数量等,要与实际使用的相吻合。

（3）阐明实验的基本原理、设计思路和研究过程。

（4）记录实验的全过程,包括实验步骤、实验图示、各种实验现象和数据等。

（5）处理实验数据并给出测量结果。

（6）分析实验结果,讨论设计中出现的各种问题,并提出改进意见。

（7）列出参考资料(可以来源于教材、图书馆查找到的资料、网上查找到的资料或物理实验教学网站上浏览到的资料)。

【参考资料】

［1］上海复旦天欣科教仪器有限公司.FD-SWE-II 弦线上驻波实验仪使用说明书.

［2］沈元华,等.基础物理实验[M].北京:高等教育出版社,2003.

［3］阎旭东,等.大学物理实验[M].北京:科学出版社,2003.

［4］葛松华,唐亚明.大学物理实验教程[M].北京:电子工业出版社,2004.

［5］贾玉润,王公怡,凌佩玲.大学物理实验[M].上海:复旦大学出版社,1986.

注:请登录广西科技大学大学物理实验教学中心网站,查询驻波实验研究与简单乐器的设计引导相关资料。

知识拓展

弦乐器、水杯琴的发声原理

1. 弦乐器的发声原理

琵琶、吉他、二胡、小提琴等弦乐器,都是依靠弦线的振动而发出声音的。演奏时,用弓拉或用手指拨动弦线,可使弦线受迫振动;用手指按压弦线上某处,可改变弦线振动部分的长度,从而发出不同音阶的乐音。弦线驻波的频率 f 应满足的关系为

$$f = \frac{v}{\lambda} = n\frac{v}{2L} \quad (n = 1,2,\cdots)$$

$n=1$ 对应的频率称为基频,它决定着弦振动的音调;当 $n=2,3,\cdots$ 时,对应的频率分别为基频的 2 倍,3 倍,$\cdots$,分别称为二次谐频,三次谐频,$\cdots$,它们决定了弦线振动的音色。

2. 管乐器的发声原理

笛子、号、箫、唢呐、单簧管等管乐器,都是依靠管内空气的振动而发出声音的。

用一套(8 个)相同的玻璃瓶子(最好是长颈玻璃杯),只要适当地在每一个瓶子里盛上深浅不同的水,按水量的多少顺次排列,使它们组成一个完整的音阶,用筷子就能敲出悦耳动听的曲子来,故有"音乐瓶"、"水杯琴"、"水杯编钟"之称。图 4-3-1 为"水杯琴"的表演图示。

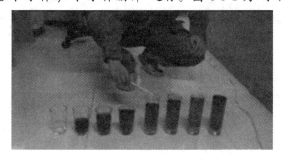

图 4-3-1　"水杯琴"的表演图示

同学们可根据管弦乐器的发声原理,利用身边的物品或器材(如瓶子、碗、杯、线等),设计制作一种简单的乐器,并经过练习后演奏给同学们欣赏。

3. 思考题

(1) 向瓶子内吹气与敲瓶子时均能发出声音,其发声的原理是否一样?

(2) 试定性分析"水杯琴"发声频率与水位高低的关系。

实验 4-4　平行轴定理验证设计

平行轴定理内容:当任一轴平行通过某刚体质心的轴时,此刚体绕该轴转动的转动惯量 I 等于绕通过质心轴的转动惯量 I_0 和刚体质量 m 乘以两轴的间距 d 平方之和,即

$$I = I_0 + md^2$$

利用平行轴定理,可以方便地计算出刚体绕偏心轴的转动惯量。

【实验目的】

设计一实验方案,验证平行轴定理。

【实验仪器】

(1) 刚体转动惯量仪(1 套)、游标卡尺、千分尺、钢卷尺、秒表、物理天平。

(2) 2KY-2S 转动惯量实验仪(1 套)、智能计时计数器。

以上提供了(1)、(2)两套仪器,可选择其一进行实验设计。

【实验要求】

(1) 利用实验室提供的设备,设计一种实验方案,用以验证平行轴定理。

(2) 自行设计不确定度要求,并通过实际测量及数据处理,验证你设计的正确性。

【实验报告要求】

(1) 阐述平行轴定理的内容。

(2) 阐述设计方案(包括测量原理、不确定度设定与仪器选择、实验步骤及数据处理方法等)。

(3) 记录实验过程,进行数据处理,并给出验证结论。

(4) 进行实验的误差分析,提出改进意见。

【参考资料】

[1] 朱基珍,莫济成,黄榜彪,等.大学物理实验(基础部分)[M].武汉:华中科技大学出版社,2010.

注:请登录广西科技大学大学物理实验课程网站,查询平行轴定理验证的设计引导相关资料。

实验 4-5　酒精浓度仪的研究与设计

【实验目的】

(1) 了解酒精浓度测定的设计思路。

(2) 研究酒精浓度仪原理,绘出相应的原理图。

(3) 利用现有条件设计一简易三段式酒精浓度仪。

【实验仪器】

YJ-SQ-1 气敏传感器实验仪、容器瓶(盛装酒精)、气敏传感器的应用模板、气敏传感器。

仪器实物图如图 4-5-1 所示。

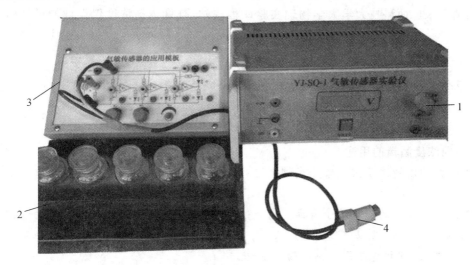

图 4-5-1　仪器实物图

1—主机;2—容器瓶;3—实验模板;4—气敏传感器

图 4-5-1 中"主机"为"实验模板"提供必要的±12 V 电源,并且将采集到的信号量显示在数字屏上;"容器瓶"用来盛装不同浓度的酒精,方便标定及测量;"实验模板"是传感器的应用电路,通过连线实现电路的输入和输出;"气敏传感器"可以放置在容器瓶中,用来测量气体的浓度,注意不可将气敏传感器接触液体。

【实验原理】

(1)研究酒精浓度仪的原理。

气敏传感器就是能感知环境中某种气体及其浓度的一种装置或者器件。它能将气体浓度大小转换为电气信号(电压或电流),根据电信号的强弱就可以获得待测环境中气体的浓度。而酒精是一种易挥发的液体,当盛有酒精的容器里酒精挥发后,容器瓶内上方必然存在酒精气体。利用现有气敏传感器,可以实现简易的酒精浓度仪设计。

(2)研究影响测量准确度的因素。

【实验操作】

1. 酒精浓度仪的设计

(1)气敏传感器结构观察及电路连接方式研究。

(2)气敏传感器的标定。

(3)电路研究及调试。

(4)未知气体浓度测试。

2. 酒精浓度仪的使用

(1)给出低浓度、中浓度、高浓度报警提示。

(2)测量未知浓度的酒精液体。

【实验报告要求】

(1)概况描述,确定设计任务。

(2)原理研究,给出具体电路。

(3)阐述设计过程(从思路到实现)。

（4）结合所查找资料，给出改进意见。

注：清登录广西科技大学大学物理实验课程网站，查询酒精浓度仪设计的设计引导相关资料。

知识拓展

酒精浓度的日常知识

1. 不同浓度酒精的用途

（1）95％的酒精用于擦拭紫外线灯。这种酒精在医院常用，而家庭中一般可用于相机镜头的清洁。

（2）70％～75％的酒精用于消毒。因为过高浓度的酒精会在细菌表面形成一层保护膜，阻止其进入细菌体内，难以将细菌彻底杀死。而酒精浓度过低，虽可进入细菌，但不能将其体内的蛋白质凝固，同样也不能将细菌彻底杀死。

（3）40％～50％的酒精可预防褥疮。长期卧床患者的背、腰、臀部因长期受压可引发褥疮，如按摩时将少许40％～50％的酒精倒入手中，均匀地按摩患者的受压部位，就能达到促进局部血液循环，防止褥疮形成的目的。

（4）25％～50％的酒精可用于物理退热。高烧患者可用其擦身，达到降温的目的。因为用酒精擦拭皮肤，能使患者的皮肤血管扩张，增加皮肤的散热能力，其挥发性还能吸收并带走大量的热量，使症状缓解。但酒精浓度不可过高，否则可能会刺激皮肤，并吸收表皮大量的水分。

2. 酒后驾驶对酒精浓度的规定

饮酒驾车：车辆驾驶人员血液中的酒精含量大于或者等于 20 mg/100 mL，小于 80 mg/100 mL 的驾驶行为。

醉酒驾车：车辆驾驶人员血液中的酒精含量大于或者等于 80 mg/100 mL 的驾驶行为。

实验 4-6　光照强度计的研究与设计

光照强度（照度）是指物体被照明的程度，也即物体表面所得到的光通量与被照面积之比，单位是 lx(1lx 是 1 流明的光通量均匀照射在 1 m² 面积上所产生的照度)。光照强度的测量用照度计。一般情况下，白炽灯每瓦大约可发出 12.56 lx 的光，夏季阳光直接照射下光照强度可达 $6 \times 10^4 \sim 10 \times 10^4$ lx。

【实验目的】

（1）了解光照强度测定的设计思路。

（2）研究光照强度计原理，给出相应原理图。

（3）利用现有条件设计一简易光照强度计。

【实验仪器】

YJ-DZS 照度计设计实验仪、光敏器件与封闭腔体、照度计设计实验模板。

仪器实物图如图 4-6-1 所示。

图 4-6-1 中"主机"为"实验模板"提供必要的±12 V 电源，并且将采集到的信号量显示在数字屏上，同时还可实现对当前封闭腔内光照强度的设定与监控；"光敏器件与封闭腔体"用来

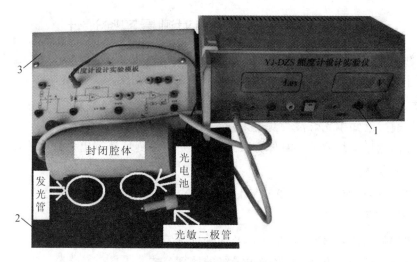

图 4-6-1　仪器实物图

1—主机；2—光敏器件与封闭腔体；3—实验模板

实现光强设定、传感器标定、与外界光源隔离的作用；"实验模板"是传感器的应用电路，通过连线实现电路的输入和输出。

【实验原理】

（1）研究发光管及光敏二极管的原理。

（2）研究照度计实验模板的电路结构。

【实验内容】

1. 光照强度计的设计

（1）光照强度计设计的基本构思。

（2）光照强度计的近似标定。

（3）光照强度计的电路调试。

（4）光照强度计的环境测试。

2. 光照强度计的使用

（1）测量窗帘遮挡日光下未开灯时的光照强度。

（2）测量窗帘遮挡日光下已开灯时的光照强度。

（3）测量日光直射时的光照强度。

【实验报告】

（1）研究背景，并确定自己的研究与设计任务。

（2）研究原理，给出具体电路。

（3）阐述整个设计过程（从思路到实现）。

（4）分析自设计的光照强度计效果，指出改进意见。

【参考资料】

[1] 数字照度计的设计实验指导书. 湖南（株洲）远景新技术研究.

注：请登录广西科技大学大学物理实验课程网站，查询光照强度计设计的设计引导相关资料。

实验 4-7　　波长的相对测量实验设计

波长的测量方法有很多种,如利用迈克耳逊干涉仪、双棱镜及光栅等测量光波波长。本实验利用等厚干涉,通过已知光波的波长测量出未知光波的波长。

【实验目的】

(1) 设计通过已知钠光灯波长测量未知汞灯波长的实验方案。

(2) 设计出测量汞灯波长的具体方法及步骤,并最终测量计算出汞灯的波长。

【实验仪器】

读数显微镜、牛顿环、钠光灯(取 $\lambda = 5.893 \times 10^{-7}$ m)、汞灯。

【实验原理】

(1) 叙述如何用读数显微镜、牛顿环及钠光灯测汞灯的波长。

(2) 研究数据处理的方法,并推导出最终的计算公式。

【实验步骤】

设计出测量汞灯波长的具体操作步骤。

【实验内容】

(1) 按设计好的步骤测量,记录数据。

(2) 列出测量过程中应注意的事项。

【实验报告】

(1) 确定自己的研究与设计任务。

(2) 阐述利用读数显微镜、牛顿环和钠光灯测量汞灯波长的原理。

(3) 阐述测量汞灯波长的具体操作步骤。

(4) 记录数据。

(5) 按设计好的数据处理方法处理数据,计算出汞灯的波长。

(6) 分析误差的主要来源。

【参考资料】

[1] 朱基珍,等. 大学物理实验(基础部分)[M]. 武汉:华中科技大学出版社,2010.

注:请登录广西科技大学大学物理实验教学中心网站,查询波长的相对测量的设计引导相关资料。

拓展阅读 7

微波技术简介

1. 微波定义

微波是一种频率很高的电磁波,其波长从 1 mm~1 m,频率从 300 MHz~300 GHz,因为微波的波长与长波、中波及短波相比,都要"微小"得多,因而得名"微波"。为了方便,使用中常分为分米波、厘米波和毫米波三个波段。

2. 微波的特殊性质

微波与低频无线电波一样,具有电磁波所共有的本质属性。但由于微波频率高、波长短,它又具有与其他电磁波不同的特性。

(1) 理论描述方法不同。在微波波段处理问题必须用"场"的概念来描述,电磁场理论是微波理论和技术的基础。一般低频集中参数元件、双线传输线和 LC 谐振回路已不再适用,必须用波导传输线、谐振腔等和由它们构成的分布参数电路元件来描述微波。在微波测量中,也不再用电压、电流和电阻作为基本参量,而是以驻波、波长(或频率)、功率等作为基本参量。微波振荡周期($10^{-12} \sim 10^{-9}$ s)与电子管内电子的渡越时间(约 10^{-9} s)有相同的数量级,甚至还要小。所以,微波振荡的产生和放大已不能再用普通电子管,而必须采用原理上完全不同的微波电子管(速调管、磁控管和行波管等)、微波固体器件和电子器件。

(2) 具有似光性。微波波长短,比一般物体的尺寸小,所以微波在空间传播时具有"似光性",表现为直线传播,特别适合于无线电定位。我们能利用天线装置,将微波能量集中在一个很窄的波束中,进行定向发射;也可以通过天线设备,接收地面上或宇宙空间中各种物体反射回来的微弱信号,从而确定该物体的方位和距离。

(3) 具有很强的穿透性。微波照射于物体时,能深入该物体内部的特性称为穿透性。微波能畅通无阻地穿过地球上空的电离层向太空传播,即微波是电磁波谱中的宇宙"窗口",它为宇宙空间技术的开拓提供了广阔的前景;微波能穿透生物体,成为医学透热疗法的重要手段;毫米波还能穿透等离子体,是远程导弹和航天器重返大气层时实现通信和末端制导的重要手段。

(4) 信息容量大。微波的频率很高,容易实现容量大的宽带信号(如卫星、微波中继通信传输的多路电话、电视等)的传送和辐射,适合于宽频带技术的需要。

(5) 具有非电离性。微波的能量不够大,因而不会改变物质分子的内部结构或破坏其分子的化学键,所以微波和物体之间的作用是非电离的。因分子、原子和原子核在外加电磁场的周期力作用下所呈现的许多共振现象都发生在微波范围内,因此微波为探索物质的内部结构和基本特性提供了有效的研究手段。

(6) 微波辐射损害。微波的辐射对人体有害,其影响随波长的减小而增强,这种伤害主要是由于微波对人体的热效应和非热效应所致。微波的热效应是指微波加热引起人体组织升温而产生的生理损伤。微波的非热效应是指除热效应外对人体的其他生理损伤,主要是对神经和心血管系统的影响。为了防止微波辐射对人体的伤害,《作业场所微波辐射卫生标准》(GB 10346—1989)规定,要求距微波设备外壳 5 cm 处,漏能值不得超过 1 mW/cm^2。在做微波辐射实验时,一定要注意对微波辐射的防护。

3. 微波技术的应用

微波技术是第二次世界大战期间,由于雷达的需要而飞速发展起来的一门电子技术。目前微波技术的应用十分广泛,已经渗透到各个领域。在国防军事方面,有雷达、导弹、导航、电子战和军用通信等;在国民经济方面,有移动通信、卫星通信、微波遥感、沥青路面养护、微波能加热、干燥、治疗、杀虫、灭菌等。在学科研究方面,已发展起射电天文学、微波波谱学、量子电子学等。对微波的应用,人们最熟悉的是家用微波炉。

4. 微波的原理和特点

1) 微波加热的原理

微波是频率在 300 MHz 到 300 GHz 之间的电磁波。微波能是一种由电子或离子迁移及偶极子转动引起分子运动的辐射能。当它作用于极性分子上时,极性分子产生瞬时极化并以每秒数十亿次的速度做极性变换运动,从而产生分子键的振动和粒子间的相互摩擦和碰撞,同时迅速生成大量热量,使被微波辐射的介质温度不断升高。

2) 微波加热的特点

(1) 加热速度快。微波加热过程中,被加热物体本身成为发热体,吸收微波后直接转变为热能,不依赖热传导作用。尤其对沥青混合料这种导热性很差的物料,加热速度增加得更为明显。

(2) 加热均匀。微波对被加热物体具有很强的穿透性,使内部和表层同时被加热,几乎不受被加热物体外形的影响,所以微波加热也称为内加热或整体加热。不会出现在常规加热(称之为外加热)方式中,易出现的是外焦内生现象。

(3) 易于控制。微波加热即开即停,无热惯性,特别适宜于加热过程和加热工艺的规范和自动化控制。

(4) 高效节能。微波加热中无传热中介,只对目标介质加热,附加热损很少。

(5) 安全环保。严谨而合理的结构设计和精良的加工,确保微波泄漏满足国家标准的前提下,在微波加热过程中无任何放射类危害和有毒气体排放。

实验 4-8　根据"不确定度均分"原则进行的实验设计

【实验目的】

通过测量长 a、宽 b 和高 h 求一长方体的钢条的体积 V。已知 $a \approx 8$ mm，宽 $b \approx 3$ mm，高 $h \approx 500$ mm，要求该体积 V 的相对不确定度不大于 1.0%，问 a、b 和 h 的允许不确定度值？ 使用什么量具最合适？

若只考虑仪器误差，请根据"不确定度均分"原则，选择合适的测量工具对 a、b 和 h 分别进行测量，使该钢条的体积 V 的相对不确定度不大于 1.0%。

【实验要求】

要求根据"不确定度均分"原则研究 a、b 和 h 的允许不确定度值，并选择合适的测量量具，然后通过实验测量进行数据处理，验证你对仪器选择的正确性。

【实验报告要求】

(1) 阐述"不确定度均分"原则；按"不确定度均分"原则，应如何选择仪器？

(2) 阐述本实验任务中，对 a、b 和 h 的测量应分别选用什么测量工具？

(3) 阐述实验测量过程，并进行数据处理，验证你选择仪器的正确性。

(4) 谈谈你的收获和体会。

【参考资料】

[1] 本教材第 4 章相关内容。

[2] 王惠棣,等.大学物理实验[M].天津:天津大学出版社,1997.

注:请登录广西科技大学大学物理实验教学中心网站,查询根据"不确定度均分"原则进行实验设计的设计引导相关资料。

实验 4-9　薄片厚度测量专题设计

高精度地测量薄片(薄膜)的厚度在现实中具有重要的意义。在普通物理实验中,对薄片(薄膜)厚度的测量方法有多种,如千分尺直测法、光的干涉法(劈尖干涉、迈克耳逊干涉)、光杠杆放大法等。薄片有不透明的(如纸片),有透明的(如透明薄膜),厚度数量级也各不相同。

【实验目的】

查阅相关资料,了解测量薄片厚度的多种方法,比较其优劣及适用范围,从中选择 1～2 种方法进行详细的设计并实际测量,最后完成设计性实验报告(或小论文)。

【实验内容】

请简述 2～3 种测量薄片(薄膜)厚度的方法,并比较其优劣及适用范围。自选实验仪器,设计 1～2 种方法并进行实际操作。若选择两种以上的方法,可分多次进行实验预约,并多次到实验室进行实验测量,最后合并写成一份设计性实验报告或小论文。

【实验仪器】

长度测量工具(钢卷尺、游标卡尺、螺旋测微器等)、JCD 型读数显微镜一套(含钠光灯、牛顿环、劈尖等)、迈克耳逊干涉仪(含多束光纤激光器、毛玻璃屏及气室组组件等)、杨氏弹性模量测定仪(1 套)。

【实验报告要求】

(1) 引言部分:写明本设计实验的目的和选题意义。

(2) 比较多种测量方法的优劣及适用范围,从中选择 1～2 种测量方法进行详细设计。

(3) 记录所选用的仪器、材料的规格和型号、数量等,要与实际使用的相吻合。有部分器材属于自己设计的会更好。

(4) 阐明实验的基本原理、设计思路和研究过程。

(5) 记录实验的全过程,包括实验步骤、实验图示、各种实验现象及数据等。

(6) 处理实验数据并得出测量结果。

(7) 分析实验结果,讨论实验中出现的各种问题,并提出改进意见。

(8) 列出参考资料(可以来源于教材、图书馆查找到的资料、互联网上查找到的资料或物理实验教学网站上浏览到的资料)。

【参考资料】

[1] 黄秉錬.大学物理实验[M].长春:吉林科学技术出版社,2003.

[2] 李天应.物理实验[M].武汉:华中科技大学出版社,1995.

[3] 杨俊才,等.大学物理实验[M].北京:机械工业出版社,2004.

[4] 朱基珍,等.大学物理实验(基础部分)[M].武汉:华中科技大学出版社,2010.

注:请登录广西科技大学大学物理实验课程网站,查询薄片厚度测量专题设计的设计引导相关资料。

实验 4-10　折射率测量专题设计

折射率为一光学常数,是反映透明介质材料光学性质的一个重要参数。在生产和科学研究中常需要测定一些固体或液体的折射率。在普通物理实验中,对不同介质的折射率的测量有不同的方法,如可用分光计测量三棱镜的折射率,可用分光计法、等厚干涉法(牛顿环)测液体的折射率,可用迈克耳逊干涉法测空气或液体的折射率。

【实验目的】

查阅相关资料,了解测量介质折射率的多种方法,比较其优劣及适用范围,从中选择 1～2 种方法进行详细的设计并进行实际测量,最后完成设计性实验报告(或小论文)。

【实验内容】

请简述 2～3 种测量介质折射率的方法,并比较其优劣及适用范围。自选实验仪器,设计 1～2 种方法并进行实际操作。若选择两种以上的方法,可分多次进行实验预约,并多次到实验室进行实验测量,最后合并写成一份设计性实验报告或小论文。

【实验仪器】

JJY-1 型分光计及其配件、迈克耳逊干涉仪(含多束光纤激光器、毛玻璃屏及气室组组件等)、JCD 型读数显微镜一套(含钠光灯、牛顿环、劈尖等)。

【实验报告或小论文要求】

(1) 引言部分:写明本设计实验的目的和选题意义。

(2) 比较多种测量方法的优劣及适用范围,从中选择 1～2 种测量方法进行详细设计。

(3) 记录所选用的仪器、材料的规格和型号、数量等,要与实际使用的相吻合。有部分器材属于自己设计的会更好。

(4) 阐明实验的基本原理、设计思路和研究过程。

(5) 记录实验的全过程,包括实验步骤、实验图示、各种实验现象和数据等。

(6) 处理实验数据并给出测量结果。

(7) 分析实验结果,讨论实验中出现的各种问题,并提出改进意见。

(8) 列出参考资料(可以来源于教材、图书馆查找到的资料、互联网上查找到的资料或物理实验教学网站上浏览到的资料)。

【参考资料】

[1] 黄秉錬,等.大学物理实验[M].长春:吉林科学技术出版社,2003.

[2] 王惠棣.物理实验[M].天津:天津理工大学出版社,1997.

[3] 朱基珍,等.大学物理实验(基础部分)[M].武汉:华中科技大学出版社,2010.

注:请登录广西科技大学大学物理实验课程网站,查询折射率测量专题设计的设计引导相关资料。

实验 4-11　用分光计测定液体折射率的实验设计

液体折射率的测量方法有多种,如等厚干涉法、阿贝折射法、分光计极限折射法等。最小偏转角法和全反射法(又称折射极限法)是比较常用的两种方法。

【实验目的】

用分光计采用极限折射法测定液体的折射率。

【实验内容】

(1) 查阅有关资料,利用所学知识,设计实验方法,采用极限折射法测定液体的折射率。

(2) 用所选的测量工具进行实际测量,并进行数据处理,计算出测量结果,并与液体折射率的理论值进行比较。

【实验仪器】

JJY-1 型分光计、低压钠灯、三棱镜(有多个)、毛玻璃片。

实验仪器如图 4-11-1 所示。

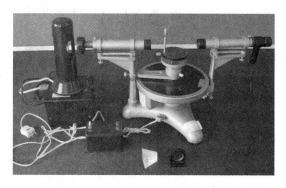

图 4-11-1　JJY-1 型分光计及其配件

【实验报告要求】

(1) 写明本设计实验的目的和选题意义。

(2) 提出两种测量液体折射率的方法,并比较其优劣。

(3) 记录所选用的仪器、材料的规格和型号、数量等,要与实际使用的相吻合。

（4）阐明用极限法测量液体折射率的基本原理、设计思路和研究过程。

（5）记录实验的全过程,包括实验步骤、实验图示、各种实验现象和数据等。

（6）处理实验数据并给出测量结果。

（7）分析实验结果,讨论实验中出现的各种问题,并提出改进意见。

（8）列出参考资料(可以来源于教材、图书馆查找到的资料、互联网上查找到的资料或物理实验教学网站上浏览到的资料)。

【参考资料】

［1］朱基珍,等.大学物理实验(基础部分)［M］.武汉:华中科技大学出版社,2010.

注:请登录广西科技大学大学物理实验课程网站,查询折射率测量专题设计的设计引导相关资料。

实验 4-12　　用极限折射法测定三棱镜的折射率的实验设计

【实验目的】

大学物理实验中常用分光计最小偏转角法测量三棱镜的折射率,本实验要求使用分光计采用极限折射法测定三棱镜的折射率。

【实验内容】

（1）查阅有关资料,利用所学知识,设计实验方法,采用极限折射法测定三棱镜的折射率。

（2）用自己设计的方法进行实际测量,并进行数据处理,计算出测量结果,并与三棱镜折射率的理论值相比较。

【实验仪器】

JJY-1 型分光计、低压钠灯、三棱镜、毛玻璃片。

【实验报告要求】

（1）写明本设计实验的目的和选题意义。

（2）记录所选用的仪器、材料的规格和型号、数量等,要与实际使用的相吻合。

（3）阐明用极限法测量三棱镜折射率的基本原理、设计思路和研究过程。

（4）记录实验的全过程,包括实验步骤、各种实验现象和数据等。

（5）处理实验数据并给出测量结果。

（6）分析实验结果,讨论实验中出现的各种问题,并提出改进意见,谈谈实验体会。

（7）列出参考资料(可以来源于教材、图书馆查找到的资料、互联网上查找到的资料或物理实验教学网站上浏览到的资料)。

【参考资料】

［1］朱基珍,等.大学物理实验(基础部分)［M］.武汉:华中科技大学出版社,2010.

注:请登录广西科技大学大学物理实验课程网站,查询折射率测量专题设计的设计引导相关资料。

实验 4-13　　接地电阻测量设计

在电力、通信和民用建筑等系统中,需要防雷接地、工作接地、保护接地等接地装置,接地电阻是接地装置的重要参数,必须进行定期测量。根据不同要求,其阻值一般应在 $0.5\sim10\ \Omega$ 的范围。对接地电阻的测量有多种方法,要测量处在密集地物中的接地装置或占地面积较大,其最大对角线长度在 15 m 以上的接地装置的接地电阻,是比较麻烦的。

【实验目的】

针对简单的单接地体装置,给出一种(或几种)测量接地电阻的方法。

【实验内容】

(1) 画出测量原理图,给出切实可行的测量方法。

(2) 说明具体的测量步骤、注意事项等,并进行实际测量。

(3) 比较各种测量方法的优缺点。

(4) 完成实验报告。

【实验仪器】

由实验室提供的 ZC29B-1 型接地电阻测试仪、辅助电极、测试用导线一套,见图 4-13-1;由学生提出需要的测试仪器或器材,若暂时无法满足要求,可作理论分析、比较。

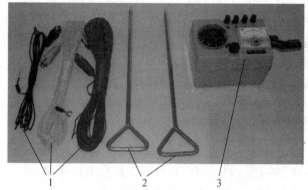

图 4-13-1 ZC29B-1 型接地电阻测试仪及附件
1—导线;2—辅助探棒;3—ZC29B-1 型接地电阻测试仪

【实验报告要求】

(1) 引言部分:写明本设计实验的目的和选题意义。

(2) 记录所选用的仪器、材料的规格和型号、数量等,要与实际使用的相吻合。

(3) 阐明接地电阻的基本原理、设计思路和研究过程。

(4) 记录实验的全过程,包括实验步骤、实验图示、各种实验现象和数据等。

(5) 处理实验数据并给出测量结果。

(6) 分析实验结果,讨论实验中出现的各种问题,并提出改进意见。

(7) 列出参考资料(可以来源于教材、图书馆查找到的资料、互联网上查找到的资料或物理实验教学网站上浏览到的资料)。

注:请登录广西科技大学大学物理实验课程网站,查询接地电阻测量设计的设计引导相关资料。

实验 4-14 利用光杠杆法测量薄片厚度的实验设计

高精度地测量薄片的厚度具有非常重要的现实意义。在普通物理实验中,对薄片厚度的测量方法有多种,如常规的千分尺直测法、光的干涉法(劈尖干涉、迈克耳逊干涉)及光杠杆放大法等。本实验要求采用光杠杆放大法测量薄片的厚度。

【实验目的】

(1)设计一个利用光杠杆放大法测量薄片厚度的实验。

(2)使用该实验方法测量实验室所提供薄片的厚度。

【实验内容】

(1)阐述两种或两种以上测量薄片厚度的方法,并比较不同方法的优劣及适用性。

(2)详细介绍用光杠杆放大法测量薄片厚度的实验原理,并设计使用该方法测量薄片厚度的实验步骤。

(3)实验室所提供器材为光杠杆望远镜尺组、圆珠笔芯、包装玻璃纸若干。

【实验报告或小论文要求】

(1)引言部分:写明本设计实验的目的和选题意义。

(2)阐述两种或两种以上测量薄片厚度的方法,并比较其优劣及适用性。

(3)记录实验中所选用的仪器、材料的规格、数量等,要与实际实验中使用的相吻合。

(4)详细介绍用光杠杆放大法测量薄片厚度的基本原理、设计思路和研究过程。

(5)记录实验的全过程,包括实验步骤、实验图示、各种实验现象和实验数据等。

(6)处理实验数据并得出测量结果。

(7)分析实验结果,讨论实验中出现的各种问题,并提出改进意见。

(8)列出参考资料(可以来源于教材、图书馆查找到的资料、互联网上查找到的资料或物理实验教学网站上浏览到的资料)。

【参考资料】

[1]黄秉鍊.大学物理实验[M].长春:吉林科学技术出版社,2003.

[2]李天应.物理实验[M].武汉:华中科技大学出版社,1995.

[3]杨俊才.大学物理实验[M].北京:机械工业出版社,2004.

注:请登录广西科技大学大学物理实验课程网站,查询用光杠杆放大法测金属丝的杨氏弹性模量,以及利用光杠杆法测量薄片厚度实验设计的设计引导相关资料。

实验 4-15　光的偏振实验设计

光的干涉和衍射特性人们已经熟知,但光的偏振性可能很多人比较陌生。实际上,在日常生活中,光的偏振性有着广泛的应用。在本书的"液晶电光效应"实验中,大家已经了解到光的偏振性在液晶显示中的重要作用。此外,在生活的方方面面都可以找到光偏振性的应用:在立体影院,我们用特制的偏振光眼镜来观看立体电影;在摄影中,偏振镜(偏光镜)是重要的工具,可以消除物品表面的反光、调节背景亮度;在钓鱼时,偏光镜可以使你免受水面反光的干扰;在遥感、通信等领域也可以看到光偏振性的身影。

光的偏振现象不像干涉、衍射现象那样直观。本实验要求学生能根据在大学物理课程中学习到的偏振光的知识,利用"液晶电光效应"实验仪器及实验室提供的其他仪器,自己动手设计实验来加深对光的偏振性的理解。

【实验目的】

根据偏振光的知识和实验室已有的仪器,自行设计实验,研究光的偏振性。

【实验仪器】

液晶电光效应实验仪(包括半导体激光器、起偏器、检偏器、光功率计和光具座)、氦氖激光器、汞灯、纳光灯等（为排除外界干扰,实验最好在暗室中进行）。

【实验内容】

（1）设计实验,演示光的偏振性。

（2）设计实验,验证马吕斯定理。

（3）设计实验,要求能通过实验现象分析半导体激光器、氦氖激光器、汞灯、钠光灯等各种光源发出的光的偏振特性。

【实验报告要求】

（1）阐述研究背景和光偏振性的原理。

（2）记录实验设计思路、实验步骤和所采用的仪器。

（3）根据实验数据,验证马吕斯定理,判断各种光源发出的光的偏振性,并进行分析。

【思考题】

（1）根据实验观察,当起偏器和检偏器的偏振化方向间夹角多大时,透过它们的光强为零? 什么角度时光强最大? 你能从理论上解释这个现象吗?

（2）如果没有条件在暗室中进行实验,你能想办法尽量消除外界影响吗?

（3）实验中使用的偏振片的偏振化方向已标明,若没有标明,你能通过实验确定吗?

（4）在玻璃、黑板、桌面等光滑的地方常会有较强的反光,手持偏振片,透过偏振片观察,当旋转偏振片时有什么现象? 为什么会出现这种现象?

【参考资料】

[1] 陈明,等. 四级物理实验[M]. 北京:科学出版社,2006.

[2] 王永钤,等. 用实际偏振片检测光的偏振态[J]. 物理实验,2000,8(8):19-23.

注:请登录广西科技大学大学物理实验教学中心网站,查询液晶电光效应实验以及光的偏振实验设计的设计引导相关资料。

等离子体技术简介

1. 等离子体的定义

等离子体(Plasma)是一种由大量自由电子、正电离子和部分中性原子组成的宏观仍呈电中性的电离气体,它广泛存在于宇宙中,常被视为物质的第四态,称为等离子态,或者"超气态",也称"电浆体"。等离子体具有很高的电导率,与电磁场存在极强的耦合作用。

2. 等离子体的特点

等离子体与普通气体性质不同,普通气体由分子构成,分子之间的相互作用力是短程力,仅当分子碰撞时,分子之间的相互作用力才有明显效果,理论上用分子运动论来描述。在等离子体中,带电粒子之间的库仑力是长程力,库仑力的作用效果远远超过带电粒子可能发生的局部短程碰撞效果,等离子体中的带电粒子运动时,能引起正电荷或负电荷局部集中,产生电场;电荷定向运动引起电流,产生磁场。电场和磁场影响其他带电粒子的运动,并伴随着极强的热辐射和热传导。

3. 等离子体的分类

按等离子体焰的温度,可分为高温等离子体、热等离子体和冷等离子体。

1) 高温等离子体

高温等离子体是完全电离的核聚变等离子体,它的温度可高达 10^8 K 数量级,由核聚变反应产生。

2) 热等离子体

热等离子体为部分电离、温度约为 10^4 K 数量级的等离子体,可以由稳态电源、射频、微波放电产生。热等离子体又分热平衡型与非热平衡型。热平衡等离子体中的电子在电场中获得的能量充分传递给重粒子,电子温度与重粒子温度相等;非热平衡等离子体中的电子在电场中获得的能量不能充分传递给重粒子,电子温度高于重粒子温度。

3) 冷等离子体

冷等离子体是电子温度很高、重粒子温度很低、总体温度接近室温的非平衡等离子体,可以由稳态电源、射频、微波放电产生。

4. 等离子体的主要应用

1) 等离子体电视

等离子彩电 PDP(Plasma Display Panel)是在两张超薄的玻璃板之间注入混合气体,并施加电压利用荧光粉发光成像的设备。薄玻璃板之间充填混合气体,施加电压使之产生等离子气体,然后使等离子气体放电,激发基板中的荧光体发光,产生彩色影像。等离子彩电又称"壁挂式电视",它不受磁力和磁场的影响,具有机身纤薄、重量轻、屏幕大、色彩鲜艳、画面清晰、亮度高、失真度小、节省空间等优点。另外,等离子电视机的使用寿命是普通电视机的两倍左右,并且等离子电视在显示、色彩、外观等方面都优于普通电视机,所以等离子电视机是未来电视的主要发展方向。

2) 等离子体冶炼

等离子体冶炼常用于冶炼普通方法难以冶炼的材料,例如高熔点的锆(Zr)、钛(Ti)、钽(Ta)、铌(Nb)、钒(V)、钨(W)等金属。用等离子体熔化快速固化法可开发硬的高熔点粉末,如碳化钨-钴、Mo-Co、Mo-Ti-Zr-C 等粉末,其最大优点是产品成分及微结构的一致性好,可免除容器材料的污染。

3) 等离子体隐身技术

目前等离子体隐身的方法主要有两种:一种是利用等离子体发生器产生等离子体隐身法,即在低温下,通过高频和高压提供的高能量产生间隙放电,以便将气体介质激活,电离形成所需厚度的等离子体,以达到吸波和隐身的目的。另一种是在飞行器的特定部位如强雷达散射区涂一层放射性同位素,它的辐射剂量应确保它的射线在电离空气时所产生的等离子体云具有足够的电离密度和厚度,以确保对雷达电磁波具有足够的吸收力和散射力。等离子体隐身具有很多优点,如吸波频带宽、吸收率高、隐身效果好、使用简便、使用时间长、价格便宜等。

此外,等离子体还用于磁流体发电。20 世纪 70 年代以来,人们利用电离气体中电流和磁场的相互作用力使气体高速喷射而产生的推力,制造出磁等离子体动力推进器和脉冲等离子体推进器。它们的比冲(火箭排气速度与重力加速度之比)比化学燃料推进器高得多,已成为未来航天技术中较为理想的推进方法。

第 5 章　研究性实验

研究性实验是指组织若干个围绕基础物理实验的课题,由学生以个体或团队的形式,以科研方式进行的实验。根据教育部高等学校物理学与天文学教学指导委员会物理基础课程教学指导分委员会制定的《理工科类大学物理实验课程教学基本要求》,研究性实验的目的是使学生了解科学实验的全过程,逐步掌握科学思想和科学方法,培养学生独立实验的能力和运用所学知识解决给定问题的能力。各高校应根据本校的实际情况设置一定数量的研究性实验(实验选题、教学要求、实验条件、独立的程度等)。

5.1　研究性实验的教学要求

1. 研究性实验的性质与教学目的

1) 研究性实验的性质

大学物理研究性实验是这样一类实验:它是由教师给出或者学生自己选择实验课题,教师提出实验要求,然后由学生自己拟定实验方案,制定实验步骤,主动收集有关信息,通过实验的观测和分析及与他人的合作和交流去探索研究,从而发现"新"的物理现象,并通过提出猜想或假说,设计验证性实验和按设计要求进行操作性实验,总结出他们原来并不知道的规律性的结论。

物理研究性实验的实质是学生自主地进行实验,在实验前对将要得到的实验结果并不真正了解,通常由学生自主地进行各种研究活动,包括形成问题、提出假设、提出模型、进行实验、观察、测量、制作,对观测结果或实验数据进行分析、解释、评价和交流等,教师只做组织引导。实验教学过程就是学生在教师有目的、有组织的指导下的发现过程。

2) 开展研究性实验教学的必要性

传统的实验一般分为演示性实验、验证性实验和设计性实验等。演示性实验侧重再现物理规律,使抽象的理论形象地表现出来,以便理解和掌握;验证性实验着重培养学生的基本实验技能;设计性实验着重培养学生的实验设计能力。实验教学是高等教育教学过程中实践性教学环节的一个重要组成部分,其实质是学生在教师的指导下,借助于实验设备和实验手段,选择适当的方法,将预定的实验对象的某些属性呈现出来,进而揭示实验对象的本质,加深学生对所学知识的理解和对新知识的探索,获得感知、真知,从而达到促使智力发展的目的。演示性实验、验证性实验和设计性实验都是对已存在的实验过程和实验结果的重复。学生会不自觉地将重点放在实验过程与实验结果的正确与否上,而把为何要设计这样的过程及对实验结果的分析排在次要地位。因此在培养学生对新知识的探索方面,尤其是在未知领域方面表现不足,从而无法达到实验教学的最终目的。

因此我们应当注重对学生新知识探索能力的培养,鼓励学生进行科学研究,通过开展研究性实验的教学,使学生在学习期间有机会接受科学研究训练,培养学生的实践能力和创新精神。

3）开展研究性实验教学的意义

研究性实验是培养学生能力、提高学生智力的重要手段。研究性实验可以培养学生的科研意识和基本科研能力，为其后续发展奠定基础。在大学物理引入研究性实验的意义主要表现在以下几个方面。

（1）研究性实验是大学生获取直接知识的渠道。大学生不应只以继承前人积累的知识为满足，而应积极关注学科发展前沿，继续探索客观世界。这样便可获取直接知识。

（2）有利于扩大知识面。由于研究性实验涉及的范围较广，这不仅要求学生具备专业的知识，还要具备物理、数学、计算机等方面的知识。学生通过研究性实验的锻炼，扩大了知识面。

（3）培养学生独立自主学习的能力，培养学生的探究精神和创新能力，培养勇于探究未知领域的自信心。

（4）培养学生对实验的情感和态度：实事求是的科学态度的培养、自信心的树立、与人合作精神的培养、挫折承受能力的培养。

（5）提高师资水平。为了指导学生做研究性实验，教师就必须在这方面提高业务水平，只有如此，才能更好地指导学生做研究性实验，才能保证和提高研究性实验的质量和水平。

4）研究性实验的教学目标

在大学物理实验课程中，通过开展研究性实验教学，应达到以下的几个教学目标。

（1）自学能力的培养。

自学能力是学生通过自己独立学习获得知识和技能的一种能力，自学能力包括独立阅读、独立思考、独立研究、独立观察、独立实验等能力。它的最大特点在于必须通过独立的活动，与物理环境发生相互作用，使自己的行为或行为潜力发生比较持久的变化。自主学习的能力是一个人获得知识和更新知识的基础。因此，大学物理研究性实验教学要重视学生自主学习能力的培养。① 培养学生会读物理资料，能够较快地读懂书中的内容，把握作者的思路和逻辑顺序，抓住某一节或某一段的基本内容和重点部分，从书中获得感知；② 培养学生会把感知的内容与认知结构中的已有知识经验联系起来，找出新旧知识之间的差异和矛盾，发现问题和提出问题，通过思维加工找出问题的答案，在深入理解的基础上有意识地去记忆相关的重点内容；③ 培养学生会利用参考书和查找资料，当从一本书中看不懂时，能及时地去查找其他书中的有关叙述，几本书联系在一起阅读，多数疑难就能得到解决。

（2）观察能力的培养。

观察力是观察活动的效力。学生与物理环境的作用从根本上说始于观察，从观察中获得感性材料。因此，观察力是物理学习认知活动的源泉，是学生获得感性认识的智力条件。观察物理现象的能力，是指在实验中正确地选择观察对象，从观察对象中发现物理现象及与现象本质联系的能力。在大学物理研究性实验教学中，教师必须高度重视训练学生对实验中的现象进行深入细致而敏锐的观察，引导学生明确观察的目标，从实验所发生的各种现象中抓住最主要的现象。实验中出现的现象有的比较稳定，可以长时间观察，有的则瞬息即逝，教师要引导学生提高观察的速度，能迅速捕捉那些稍纵即逝的物理现象。教师还要特别注意培养学生观察的敏锐力，引导学生从一些平时不大引人注目的现象中发现新的线索，从而去研究一些新问题以获得新的发现。大学物理研究性实验观察能力培养的目标包括：① 养成观察自然现象和物理现象的习惯；② 能够观察出自然现象和生活现象中某些物理要素及其作用方式；③ 根据已定目的，正确选择物理实验中的观察对象，确定观察内容，能够正确区分实验中不同现象的主次,并能注意伴之发生的异常现象;④ 根据观察对象的具体情况和观察目的,较熟练地使用一些有效的观察方法。

(3) 思维能力的培养。

物理实验中的思维能力,侧重的是指根据物理概念、规律、仪器性能、实验规范和实验现象与结论,并以相关学科作为工具,使用物理学的方法进行加工与升华的能力。作为物理思维工具的相关学科,通常包括文学、化学、数学、逻辑学等。大学物理研究性实验思维能力培养的目标包括:① 善于对观察内容提出质疑;② 具有使用实验手段进行释疑和对设想与推理进行实验验证的明确意识;③ 能应用学过的物理概念、规律提出和阐述实验原理,熟悉仪器使用和实验操作的规范,并能在这些基础上,拟定简单的实验方案或操作计划;④ 对观察结果、实验现象、数据和结论,养成用物理概念、规律进行归纳、联想、解释或有逻辑地分析出本质的习惯,能够应用数学知识进行推理,认识并重视直觉的作用,能进行初步的误差分析;⑤ 理解实验结论的相对性,注意在实验的全过程中,保持质疑心理,重视实验中各阶段的反思与总结。

(4) 动手操作能力的培养。

动手操作能力是将思维中有必要实践的内容,通过仪器、设备、工具来实现的能力。动手操作能力目标属于技能领域目标。实验操作是实验实施的过程,操作在很大程度上影响着实验的结果。大学物理实验中的操作,是在观察和思维的配合下,按要求对器材进行组装,使之成为实验装置;或者对实验装置进行调试,使之能进行实验;或者使用测量工具测量某些物理量。实验操作技能同观察能力一样,是物理实验本身的要求。大学物理研究性实验操作能力培养的目标包括:① 在设计实验的过程中,能够运用简略实验,估计该方案的可行性,并据此修正原方案;② 具有根据实验方案或制作计划,进行规范操作的本领,能够按照仪器的说明书,进行基本正确的实验操作;③ 必要时能够寻找代用品,并进行简易加工,使其解决实验中仪器设备方面的某些困难;④ 掌握排除一般常见故障的方法。

(5) 情感态度的培养。

非认知性心理机能系统对智慧活动具有促进和调节功能。它们不直接参与对客观事物的认识,以及对各种内外信息的处理等具体操作,而是对智慧活动有启动、维持、强化、定向、引导和调节作用。它们不能体现一个人的智慧水平,所以人们把具有这类技能的各种心理因素统称为非智力因素,也叫情感因素。大学物理研究性实验情感态度培养的目标包括:① 实事求是的科学态度;② 树立强烈的自信心;③ 与人合作研究的精神;④ 热爱科学,具有较强的承受挫折的能力。

2. 研究性实验的教学原则和基本理论

教学原则是根据教学过程的客观规律和一定的教育方针、教学目的而制定的,在整个教学工作中必须遵循的基本要求和指导原理。它既指导教师的教,又指导学生的学,应贯彻到教学过程的各个方面。在大学物理研究性实验的教学中应遵循学生主体性原则、教师主导性原则、因材施教原则、民主性原则、开放性原则和创新性原则。研究性实验教学的基本理论依据是认知结构理论、有意义学习理论、建构主义学习理论和主体性教育理论。

5.2　研究性实验的教学课题

下面是一些研究性实验的教学课题,仅供参考,更多及新增的课题会及时上传到物理实验课程网站上。

实验 5-1 锥体上滚实验与"怪坡"之谜研究

据报道,世界上已经发现多处"怪坡",如杭州留下镇小龙驹坞路发现一段怪坡,上坡轻松下坡费力;又如河南平顶山汝州市北 9 km 处有一神奇的"姊妹怪坡","下坡如逆水行舟,上坡如顺风扬帆",更奇怪的是雨后水往高处流,似乎牛顿的"万有引力定律"在这里丝毫不起作用。在这些"怪坡"上,都是汽车下坡时必须加大油门,而上坡时即使熄火也可以到达坡顶。同时,质量越大的物体,"怪坡"现象越明显。这种"怪坡"现象,激起了众多游客、探险家和科学工作者的浓厚兴趣。为什么会出现这种"怪坡"现象呢? 同学们通过以下简单的实验"锥体上滚"就能对此作出初步的解释。

【实验任务】

通过锥体上滚实验的研究,分析锥体能自动上滚的物理条件,解释"怪坡"之谜。

【实验仪器】

锥体上滚实验仪,其结构如图 5-1-1 及图 5-1-2 所示。

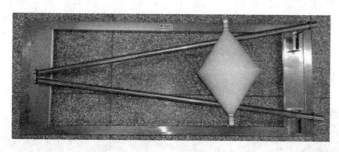

图 5-1-1 锥体上滚实验仪俯视图

图 5-1-2 锥体上滚实验仪侧视图

【实验内容】

(1) 通过锥体上滚现象的观察,探究锥体自动上滚的原因,深入理解机械能守恒定律。

(2) 研究锥体上滚的条件,解释"怪坡"之谜。

(3) 查找有关"怪坡"的资料,分析、探究其中的原因,给出你认为合理的解释。

【实验报告】

(1) 阐述研究背景(何谓"怪坡"现象)。

(2) 阐述锥体上滚实验原理(定性)。

(3) 研究、分析锥体能自动上滚的条件(试导出实现密度均匀的锥体自动上滚时,锥体顶角、导轨夹角、导轨坡度三者之间应满足的关系)。

(4) 通过锥体上滚的原因及条件,对"怪坡"现象作出合理的解释。查找有关"怪坡"的资料,针对某一具体的"怪坡",分析、探究其中的原因,给出你认为合理的解释。

【参考资料】

[1] 荣振宇,张莉,王培吉,等. 锥体上滚实验的原因分析[J].大学物理,2009(3):47-51.

[2] 严仲强.双锥体自动向上滚的力学条件与几何条件[J].物理通报,1990(9):30-35.

注:请登录广西科技大学大学物理实验课程网站,查询锥体上滚实验与"怪坡"之谜研究的研究引导相关资料。

知识拓展

厦门东屏山怪坡

厦门东屏山有一段"怪坡",其长不到 100 m,但坡度比较明显。它看似上坡,其实是下坡。骑自行车不用踩,它就自动滑"上坡",反方向,看似下坡,但必须用力踩,才可"下坡"。如果你开着小车从这段路经过,"下坡"则必须加油门,"上坡"则可以关油门让它滑行。这里,每天都有游人租自行车体验上下坡,也有许多人开着小车来体验上下坡。图 5-1-3 为厦门东屏山"怪坡"图片。

厦门东屏山"怪坡"　　　　　下坡用力蹬　　　　上坡溜着走

图 5-1-3　厦门东屏山"怪坡"

实验 5-2　热电偶测温实验研究

热电偶是一种感温元件,是一次仪表。它直接测量温度,并把温度信号转换成热电动势信号,通过电气仪表(二次仪表)转换成被测介质的温度。热电偶测温的基本原理是,两种不同成分的材质导体组成闭合回路,当两端存在温度梯度时,回路中就会有电流通过,此时两端存在电动势——热电动势,这就是所谓的塞贝克效应。热电偶因具有装配简单、更换方便、抗震性能好、测量范围大、力学性能好、耐压性能好、耐高温(可达 2400 ℃)等优点,因此在工程领域测温环节中得到了越来越多的重视。

【研究任务】

(1) 了解热电偶结构,研究热电偶测温原理。

(2) 研究热电偶基本定律。

（3）研究热电偶标定及冷端补偿方法。

（4）学习、使用实验设备,利用实际电路完成温度设定及测量过程。

【实验仪器】

CSY2001B 型传感器系统综合实验台主机、热电偶、温度传感器实验模块、数字电压表。仪器实物图如图 5-2-1 所示。

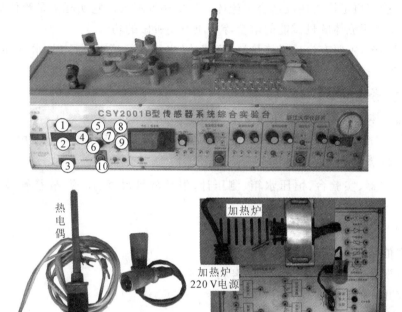

图 5-2-1　仪器实物图

①—加热指示灯；②—温度显示屏；③—加热炉电源；④—K 分度接线柱；
⑤—方式选择开关；⑥—温度调节旋钮；⑦—E 分度接线柱；⑧—温度设定开关；
⑨—加热炉开关；⑩—±12 V 实验模块电源

【研究内容】

（1）了解热电偶结构,研究热电偶测温原理,推导出热电偶测温时热电偶热电动势与待测温度的单值函数关系。

（2）研究热电偶的基本定律,包括匀质导体定律、中间导体定律、标准电极定律、连接导体定律和中间温度定律等。

（3）研究热电偶标定方法。

（4）研究热电偶冷端补偿方法,如补偿导线法、冷端温度计算校正法等。

（5）进行热电偶的实际测温实验。

【实验报告要求】

（1）叙述本实验研究的目的和意义。

（2）阐述本实验的研究过程。

（3）谈谈你的研究体会与收获。

（4）列出你研究过程中涉及的参考资料。

注:请登录广西科技大学大学物理实验课程网站,查询热电偶测温实验研究的研究引导相关资料。

实验 5-3　伯努利方程应用实验研究

伯努利方程是 1738 年首先由丹尼·伯努利(Daniel Bernoulli,1700—1782)提出的,伯努利方程把机械能守恒定律表述成适合于流体力学应用的形式。它实际上是流体运动中的功能关系式,即单位体积流体的机械能的增量等于压力差所做的功。

它的应用很多,主要有汾丘里流量计、流速计(皮托管)、喷雾器原理、水流抽气机原理、雾化吸入器原理、小孔流速、并行车船碰撞、伯努利力(机翼的升力)等。

【研究任务】

(1) 研究流体的连续性原理、伯努利原理及其应用。

*(2) 研究文特里管、皮托管、孔板流量计、列车提速安全防护原理及其应用。

【实验仪器】

自循环供水器、实验台、恒压水箱、测压计、滑动测量尺、测压管、变径管道、实验流量调节阀。

【研究内容】

(1) 研究伯努利方程及其揭示的实质。

(2) 自行设计一种装置用以验证伯努利方程。

(3) 研究几种伯努利方程应用的实例。

【研究引导】

理想流体,是指密度 ρ 不变、不可压缩、非黏滞性的流体。例如水黏滞性不大,几乎不可压缩;又如实际的空气虽可压缩,但黏滞性极小,流动性极好,低速运动时其密度 ρ 的变化可忽略不计,所以,它们都可以视为理想流体。

流体的连续性原理如图 5-3-1 所示。

流体流动时,在同一流管中,流体的流速和流管的横截面积的乘积是一恒量。

$$v_1 S_1 = v_2 S_2 \tag{5-3-1}$$

$$vS = 恒量 \tag{5-3-2}$$

即在同一流管中,流管的横截面积越小,则流体的流速越高。式(5-3-1)与式(5-3-2)等价,都称为理想流体的连续性方程或连续性原理。

伯努利方程示意图如图 5-3-2 所示。

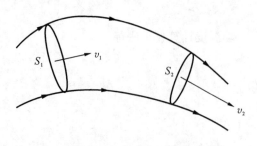

图 5-3-1　流体连续性原理

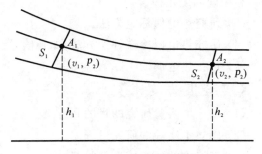

图 5-3-2　伯努利方程示意图

流体流动时,若流体的密度、流速和压强分别为 ρ、v、p,则流速和压强的关系表示为

$$\frac{1}{2}\rho v_1^2 + \rho g h_1 + p_1 = \frac{1}{2}\rho v_2^2 + \rho g h_2 + p_2 \tag{5-3-3}$$

即对于同一流管内任一位置,有

$$\frac{1}{2}\rho v^2 + \rho g h + p = 恒量 \tag{5-3-4}$$

式(5-3-3)或式(5-3-4)称为伯努利方程或伯努利原理。它是流体动力学的基本规律,实质上就是理想流体做稳定流动时的功能关系。简单地说,如果流体的流速越高,则压强越小。

【研究报告】

(1) 指出本实验的目的和意义。

(2) 阐明实验的基本原理、设计思路、研究过程与实验过程。

(3) 记录所用仪器设备的规格、型号等。

(4) 分析几种伯努利方程应用的实例,指出它的工作原理。

(5) 谈谈你的研究体会与收获。

【参考资料】

[1] 刘璞. 物理学与应用技术 50 讲[M]. 北京:北京航空航天大学出版社,2001.

[2] 北京大学物理系. 普通物理学[M]. 北京:人民教育出版社,1986.

[3] 江孟蜀. 铁路大提速中的流体动力学研究[J]. 重庆工商大学学报(自然科学版), 2008,25(2):131-132.

注:请登录广西科技大学大学物理实验课程网站,查询伯努利方程应用研究的研究引导相关资料。

实验 5-4　电磁驱动实验研究

当磁场运动时,对靠近磁场的导体产生作用,并带动导体运动,这种现象称为电磁驱动。

【研究任务】

(1) 研究涡流的机械效应。

(2) 观察导体圆板在旋转磁场中的运动特性。

(3) 研究电磁驱动现象在实际中的应用。

【研究内容】

(1) 观察电磁驱动现象。

(2) 分析铝盘转动原理。

(3) 研究磁铁与铝盘的距离、磁铁的磁感应强度、磁铁转速、转向对铝盘转动情况的影响。

(4) 研究涡流的机械效应在实际中的应用。

【研究引导】

电磁驱动演示仪的结构如图 5-4-1 所示,其中 1 是由钕铁硼材料制成的两块永磁体,它固定在长方形铁板上;2 是固定在 L 形铁架板上的电动机;3 是可绕水平轴在竖直平面上转动的铝盘;4 是固定 1、2、3 的托板。

接通电源,电动机通电后开始旋转,电动机带动永磁体使其绕水平轴旋转,继而在竖直平面内产生旋转磁场。由于涡流的机械效应驱动,圆盘也跟着旋转起来,两者转动的方向相同,

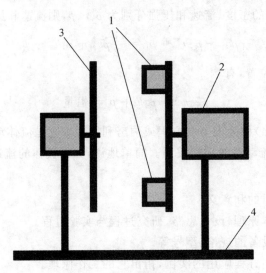

图 5-4-1　电磁驱动演示仪

但铝盘旋转的速度始终小于永磁体(亦即磁场)的转速。这种现象称为电磁驱动。

【研究报告】

(1)写明本实验的目的和意义,记录实验现象。

(2)记下实验仪器的规格、型号等。

(3)阐述研究过程,分析说明铝盘转动原理、对铝盘转动情况产生影响的因素、涡流的机械效应在实际中的应用。

(4)谈谈你的研究收获与体会。

【参考资料】

[1] 杨约翰,等.电工学[M].北京:高等教育出版社,1983.

注:请登录广西科技大学大学物理实验课程网站,查询电磁驱动实验研究的研究引导相关资料。

实验 5-5　学生兴趣制作研究与实践

【研究任务】

(1)完成一实物(或仪器)的制作,该实物应体现一定的物理思想,有应用价值。

(2)通过制作,培养学生进行理论研究与实践的兴趣,培养创新意识与创新精神。

(3)通过研究与实践,培养团队成员之间的协作精神。

【研究途径】

(1)参加兴趣制作小组,以小团队的合作形式进行研究与实践活动。实验室长期全天候开放。

(2)研究前以小团队形式提出开题报告,获批后方可进行研究。

【研究内容】

(1)进行相关的理论研究。

(2)研究多种设计方案,并进行方案的比较与选择。

(3)选择器材。

（4）进行实物的制作调试。

【研究报告】

（1）阐述研究背景。

（2）阐述原理，包括方案的设计、比较与选择。

（3）阐述制作过程，包括器材的选择、实物的制作及实物的调试等。

（4）对你的作品作出评价，指出不足，并提出改进意见。

（5）谈谈通过此次的研究与实践活动，你所取得的收获。

【参考资料】

注：请登录广西科技大学大学物理实验课程网站，查询学生兴趣制作研究与实践的研究引导相关资料。

实验 5-6　"历史上最美的"物理实验研究

2002 年 5 月，物理杂志"Physics World"上一位科学哲学家 Robert P. Crease 提出一个问题："物理学中最美的实验是什么？"后来 Robert P. Crease 汇总了 200 多位读者投票的结果，并在该杂志上公布了排名，给出了"历史上最美的"前十名物理实验名次排列（详见朱基珍等编《大学物理实验》（基础部分）），同时还给出了第 11～26 名的物理实验，它们分别是：

11. 阿基米德的流体静力学实验（B. C. 287—B. C. 212）

12. 罗默的光速观测（1676）

13. 焦耳的热功当量实验（1847）

14. 雷诺的管流实验（1882）

15. 马赫-撒切尔的声学冲击波（1885）

16. 迈克耳逊-莫雷测量"以太"的零效应（1887）

17. 伦琴探测麦克斯韦的位移电流（1888）

18. 奥斯特发现电流磁效应（1820）

19. 布拉格的食盐晶体 X 射线衍射（1913）

20. 爱丁顿测量恒星光线的弯曲（1919）

21. 施特恩-格拉赫的空间量子化演示（1922）

22. 薛定谔猫的推理实验（1935）

23. 原子核的链式反应（1942）

24. 吴健雄的宇称不守恒测量（1956）

25. 戈德哈勃的中微子螺旋性研究（1958）

26. 费曼浸渍 O 形圈在冷水中（1986）

所有这些实验的共同特点是：紧紧"抓"住了物理学家眼中"最美丽"的科学之魂，即用最简单的仪器设备，发现了最基本、最重要的科学概念，获得重大的科学发现，解开了人们长久的困惑，开辟了对自然界的崭新认识。

【研究任务】

选择一个"历史上最美的"物理实验进行深入的研究。

【研究内容】

（1）研究该实验的背景。

(2) 研究该实验仪器结构及设计巧妙之处。

(3) 研究该实验结论所获得的重要发现,并研究其对建立物理概念、解开人们头脑中长期的困惑所产生的作用。

【研究报告要求】

完成一篇研究小论文,阐述你的研究过程。

(1) 哪些实验被称为"历史上最美的"物理实验。

(2) 针对你选择的重点研究的实验阐述:① 实验的背景;② 实验仪器结构及设计巧妙之处;③ 实验结论所获得的重要发现,其对建立物理概念、解开人们头脑中长期的困惑所产生的作用。

(3)通过本研究谈谈你的收获、体会及启发。

【参考资料】

[1] 朱基珍,莫济成,黄榜彪,等.大学物理实验(基础部分)[M].武汉:华中科技大学出版社,2010.

[2] 马世红,童培雄,赵在忠.文科物理实验[M].北京:高等教育出版社,2008.

注:请登录广西科技大学大学物理实验课程网站,查询"历史上最美的"物理实验研究的研究引导的相关资料。

实验 5-7　陀螺进动实验研究

"杨柳儿活,抽陀螺",这是明朝就流行的童谣,由此可见陀螺早已成为民间儿童大众化的玩具。人们从玩的陀螺中早就发现高速旋转的陀螺可以歪而不倒,这就反映了陀螺旋转时的稳定性。人们利用陀螺的这种力学性质所制成的各种功能的陀螺装置称为陀螺仪。现代陀螺仪是一种能够精确地确定运动物体的方位的仪器。它是现代航空、航海、航天和国防工业中广泛使用的一种惯性导航仪器。它的发展对一个国家的工业、国防和其他高科技的发展都具有十分重要的战略意义。

【研究任务】

(1) 观察陀螺在外力矩作用下的进动。

(2) 探究陀螺进动的物理原理。

(3) 实验室提供仪器:陀螺、陀螺发射器。

【研究内容】

(1) 将静止的陀螺直立在桌面上,观察陀螺倾倒的过程。

(2) 将陀螺以较小的自转角速度斜放在桌面上,观察其进动现象。

(3) 将陀螺快速旋转,斜放在桌面上,观察其运动的轨迹。

(4) 快速旋转的陀螺通常会直立起来,通过查找有关资料,给出合理的解释。

【研究引导】

当陀螺不转动时,由于受到重力矩的作用,便会倾倒下来;但当陀螺急速转动时,尽管同样受到重力矩的作用,却不会倒下来。这是因为旋转的陀螺本身有一个初始的沿陀螺中心轴线的角动量,而重力矩的方向与陀螺中心轴线垂直,因此不改变陀螺角动量的大小,只改变其方向。外在表现为陀螺在绕本身对称轴转动的同时,对称轴还将绕垂直轴回转,这种回转现象称为陀螺的进动。因此,进动的角速度与外力矩成正比,与陀螺自转的角动量成反比。当陀螺自转的角速度很大时,进动角速度就较小。反之,当自转角速度很小时,进动角速度就很大。陀螺转动示意图如图5-7-1 所示。

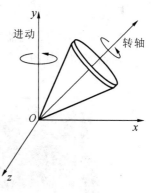

图 5-7-1　陀螺转动示意图

【研究报告】

(1) 阐述研究背景(何谓进动)。

(2) 阐述陀螺进动原理,解释陀螺的运动现象。

(3) 当快速旋转的陀螺以较大的倾角斜放在桌面上时,会发现做进动的陀螺倾角会逐渐减小,甚至直立,从陀螺受力及伯努利方程来分析其原因。

(4) 谈谈你在研究过程中的收获与体会。

【思考题】

陀螺仪的原理及基本设计思想是什么?

注:请登录广西科技大学大学物理实验课程网站,查询陀螺进动实验研究的研究引导相关资料。

知识拓展

陀螺原理的实际应用

依据陀螺原理制作的陀螺仪是非常复杂的物体,因为它以独特的方式运动,甚至像是在抵抗重力,正是这些特殊属性使其在各个方面都有极为重要的用途。一般的飞机要用 10 多个陀螺仪,遍布在罗盘和自动驾驶仪等各个地方。俄罗斯米尔空间站曾使用 11 个陀螺仪保持其方向对准太阳。哈勃太空望远镜也安装了大量导航陀螺仪。只要将陀螺仪放在一套平衡环中,它就能持续指向同一方向。这也是陀螺罗经的基本原理。如果在一个平台上装两个陀螺仪,并让它们的轴互成直角,然后把平台放入一套平衡环中,那么无论平衡环怎样转动,平台都将完全保持稳定。这是惯性导航系统(INS)的基本原理。在 INS 中,平衡环轴上的传感器会探测平台的转动。INS 通过这些信号获悉交通工具相对于平台的转动。如果为平台添加一套带有三个敏感加速计的装置,就能准确辨别交通工具驶向何方及其在所有三个方向的运动变化。有了此信息,飞机的自动驾驶仪就能使飞机沿航线飞行,火箭的导航系统就能让火箭进入理想轨道。

实验 5-8　电子秤的研究

电子秤是综合传感器技术、电子技术和计算机技术的一体化电子称量装置。电子秤满足并解决了现实生活中对"快速、准确、连续、自动"等方面的称量要求,同时有效地消除了人为误差,使之更符合法制计量管理和工业生产过程控制的应用要求。电子秤已广泛应用于便携称重、电子地秤等领域。

【研究任务】

(1) 了解电子秤的技术指标。

(2) 研究电子秤的原理,给出相应的研究分析。

(3) 研究现有条件如何实现简易电子秤功能。

【实验仪器】

YJ-SC-1 压力传感器实验仪、应变式压力传感器实验模板、应变传感器安装底座。

仪器实物图如图 5-8-1 所示。

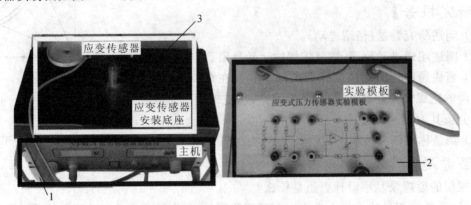

图 5-8-1　仪器实物图

1—主机;2—实验模板;3—应变传感器安装底座

图 5-8-1 中"主机"为"实验模板"提供必要的 ±12 V 电源和激励电源(左侧屏输出,可调节,单位为 V),并且将采集到的信号量显示在数字屏(右侧屏)上输出,该信号量随传感器上压力的变化而变化,单位为 mV;"实验模板"是传感器的应用电路,通过连线实现电路电源激励输入、应变电阻变化输入和电压输出;"应变传感器安装底座"用来固定应变传感器,方便标定及测量;"应变传感器"为悬臂双孔平行梁结构,应变电阻有 4 个,分别安装在梁的上表面和下表面,各 2 个。

【实验原理】

(1) 研究电子秤的理论基础。

应变式压力传感器是一种将压力(物体重量产生)转换为电信号的设备。电子秤就是利用电阻应变式传感器将物体重量所产生的压力转换成电量(电压)进行测量,通过测量电量(电压)大小得出物体重量大小。

(2) 研究影响电子秤准确性的因素。

【现有仪器的应用研究】

(1) 现有仪器基本情况了解。

(2) 应用于电子秤功能的具体实现。

(3) 参数分析。

【电子秤的使用】

(1) 测量未知重量的物体。例如:测量自携带的手机、容器玻璃瓶等。

(2) 测量已知重量的物体。例如:测量标有重量的砝码。

【研究报告】

(1) 研究背景,并确定自己的研究任务。

(2) 研究原理,给出具体电路。

(3) 阐述整个研究过程(从思路到实现)。

(4) 研究所实现的电子秤效果,指出改进意见。

注:请登录广西科技大学大学物理实验课程网站,查询电子秤研究的研究引导相关资料。

实验 5-9　全息技术研究

全息技术是利用干涉和衍射原理记录并再现物体真实的三维图像的技术。第一步是利用干涉原理记录物体光波信息,此即拍摄过程:被摄物体在部分激光辐照下形成漫射式的物光束;一部分激光作为参考光束射到全息底片上,与物光束叠加产生干涉,把物体光波上各点的相位和振幅转换成在空间上变化的强度,从而利用干涉条纹间的反差和间隔将物体光波的全部信息记录下来。干涉条纹的底片经过显影、定影等处理程序后,便成为一张全息图,或称全息照片。第二步是利用衍射原理再现物体光波信息,这是成像过程:全息图犹如一个复杂的光栅,在相干激光照射下,一张线性记录的正弦型全息图的衍射光波一般可给出两个像,即原始像(又称初始像)和共轭像。再现的图像立体感强,具有真实的视觉效应。全息图的每一部分都记录了物体上各点的光信息,故原则上它的每一部分都能再现原物的整个图像,通过多次曝光还可以在同一张底片上记录多个不同的图像,而且能互不干扰地分别显示出来。

全息光栅则是利用全息照相技术,在全息干板上曝光、成像得到的全息干涉条纹。

【研究任务】

(1) 研究全息照相的基本原理。

(2) 进行全息拍摄与再现。

(3) 通过多次曝光,在同一张底片上记录多个不同的图像,并进行实物再现。

(4) 制作全息光栅。

(5) 测量光栅常数。

【实验仪器】

(1) 全息实验台(包括激光源及各种镜头支架、载物台、底片夹等部件和固定这些部件所用的磁钢)、全息照相感光胶片(全息干板)、暗室冲洗胶版的器材等。

(2) 防震全息台、He-Ne 激光器、扩束镜、分束板、反射镜、毛玻璃屏、调节支架若干、米尺、定时器及电磁快门、照相冲洗设备。

【研究内容】

(1) 研究全息照相的基本原理,包括全息拍摄与再现原理,画出光路图。

(2) 进行全息拍摄、冲洗与再现。

(3) 进行多次曝光,使在同一张底片上记录多个不同的全息图像,并进行冲洗及再现。

(4) 制作全息光栅并测定其光栅常数。

【研究报告】

(1) 说明本实验的目的和意义。

(2) 阐述全息照相的基本原理。

(3) 列出所需仪器设备及器材。

(4) 阐述你的研究与实验过程。

(5) 谈谈你的研究成果。

【参考资料】

[1] 苏显渝,等. 信息光学[M]. 北京:科学出版社,1999.

［2］陈国杰,谢嘉宁.物理实验教程［M］.武汉:湖北科学技术出版社,2004.

［3］李学金.大学物理实验教程［M］.长沙:湖南大学出版社,2001.

［4］秦颖,李琦.全息照相实验的技巧［J］.大学物理实验,2004,17(1):40-41.

注:请登录广西科技大学大学物理实验课程网站,查询全息技术研究的研究引导相关
　　资料。

全息技术简介

1. 全息技术的基本原理

全息照相是一种新型的照相技术。早在 1948 年伽柏(D. Gabor)就提出了全息原理。20 世纪 60 年代初,激光的发明使全息技术得到了迅速的发展,并在许多领域得到了广泛的应用。

全息照相是基于光的干涉、衍射原理。它的关键是引入一束相干的参考光波,使其和来自物体的物光波有一定的夹角,在全息干板处相干涉,底片上以干涉条纹的形式记录下物光波的全部信息——强度和相位。这就是全息照相名称的由来。经过显影、定影等处理后,底片上形成明暗相间的复杂的干涉条纹,这就是全息图。若用与参考光相同的光束以同样的角度照射全息图,全息图上密密的干涉条纹相当于一块复杂的光栅,在光栅的衍射光中,会出现原来的物光波,能形成原物体的立体像。因此,全息照相可分为全息记录和波前重现两个基本过程,它们的本质就是干涉和衍射。

2. 全息照相的分类

(1) 菲涅尔全息照相。

(2) 像面全息和一步彩虹全息照相。

(3) 二步彩虹全息照相。

(4) 合成彩虹全息简介。

3. 全息照相的基本特点

(1) 全息照相不同于普通照相。普通照相是基于几何透镜成像原理,普通照相照得再好也没有立体感。但全息照相却不同,我们只要改变观察的角度,就可以看到被照物体不同的方面。因为全息照相能将物体的全部几何特征信息都记录在底片上,因此所形成的照片本身就是三维的。

(2) 当全息照片被损坏或者大部分被损坏的情况下,仍然可以从剩下的那一小部分上看到这张全息照片上所记录的原有被照物的全貌,所谓窥一斑而知全豹。这是因为全息底片上的每一点上都记录有参考光和被照物漫反射光的全部信息。

(3) 全息照相在同一张全息底片上可以记录多幅全息图,在重现时被照物不会互相干扰。

4. 全息应用

1) 全息信息存储技术

全息信息存储是 20 世纪 60 年代随着激光全息发展而发明的一种大容量的高存储密度方式。因为全息照相可以在同一张感光片上重叠记录许多像,这为信息的大容量高密度储存提供了可能。加上其具有高密度、高分辨率、衍射效率高、读取速率高、噪声低,以及可并行等优点,因而受到广泛的关注。处于发展中的全息存储技术可以把一本几百页的书的内容存储在很小的全息照片上。有人作过对比,用光盘存储信息,每平方厘米可以存储的信息约为 10^6 位,而用全息存储,每平方厘米可以存 10^8 位,比光盘存储信息高 100 倍,而且读出信息的时间只有 10^{-6} s。

2) 全息显微技术

一般说来,欲看到一个较好的物体的三维图像,显微镜必须有较大景深。一般光学系统的相对孔径愈大,其景深就越小。对显微镜而言,欲提高其分辨能力就必须提高其数值孔径,造成的结果就是其景深很小,几乎只能看到是一个平面上的物,想观察一个立体的物体就要多次调焦。采用全息照相可以解决显微镜的分辨能力和景深的矛盾。全息图片是平面的,因此用显微镜观察时只需一次聚焦即可。利用参考光束,通过全息图可显现被测物的三维像。这样,只要事先拍出待观察物的全息图,利用显微镜即可观察到被测物的三维像。

在科学实验中经常要测样品中浮动粒子的分布、大小及其他特性,而这些粒子是不停地运动着的,利用显微镜根本无法直接观测这些粒子,因为观测时根本来不及将显微镜调焦在这些粒子上。应用全息图,进行这类观测是方便可行的,因为只要在某时刻把这些粒子全部拍摄成全息图再进行观测即可。

3) 全息干涉计量技术

普通光学计量技术只能测量形状比较简单、表面光磨度很高的零部件。而全息干涉计量技术能实现高精度的非接触无损测量,对任意形状、任意粗糙表面的物体均可测量。测量精度可以达到几百纳米(光波波长)数量级。由于全息图具有三维性质,使用全息技术可以从不同视角,借助参考光去考察一个形状复杂的物体的各个方面,因此,一个干涉计量全息图就相当一般干涉计量多次观察的结果。

全息干涉计量分为一次曝光法(实时全息干涉法)、二次曝光法(双曝光全息干涉法;夹层全息法)或连续曝光法(时间平均全息干涉法)。目前,全息干涉计量分析在无损检测、应变测量、振动分析、冲击波和流速场描绘等多种领域中得到应用。随着相关技术的发展,全息技术已与莫阿技术、激光散斑技术等结合起来,用于光电检测、CCD 数据采集和计算机等技术来自动处理测量结果,以达到速度快、精度高、性价比优的特点。

4) 全息模压及防伪技术

把全息图片压印到一定的材料上,用白光再现时,可得到色彩艳丽而逼真的三维图像,随着全息立体图和真彩色全息的发展,模压全息图像在像质、色彩等方面有显著改善,并可表现动态景物,其深奥的成像原理及斑斓的闪光效果受到消费者的喜爱。

激光防伪技术包括激光全息图像防伪标识、加密激光全息图像防伪标识和激光光刻防伪技术三方面。

目前常用的是激光彩虹模压全息图文防伪技术,它是应用激光彩虹全息图制版技术和模压复制技术,在产品上制作的一种可视的图文信息。这种全息图可用日光观察,日光中的每一种波长的光都会被图片上的干涉条纹所衍射,因有不同的衍射角,故在不同的角度观看时,有不同颜色的再现图像。因此,它现已广泛应用于票证、商标及信用卡。

彩色全息图、合成全息图、密码全息图(用一个激光笔可读出图中的信息)都利用了激光全息技术,因而具有更好的防伪功能,这些防伪新技术已逐渐应用到新型包装材料和更高技术层次的全息图像标志技术方面。